21 世纪高职高专数字媒体技术系列规划教材

Flash 动画制作基础与项目实训实用教程

主　编　王成良　马翠欣

副主编　苏　玉　武海燕

U0132160

中国水利水电出版社
www.waterpub.com.cn

内 容 提 要

本书是在充分汲取本课程教学改革的成果及作者多年从事本课程教学与实践经验的基础上编写的。编写过程中突破了传统的教学模式，着重体现了以案例教学和项目制作流程为课程导向，深入浅出、图文并茂、直观生动，每章结束给出了项目任务，让读者更进一步巩固所学知识。

本书分基础篇和项目实训篇两部分。基础篇包含：Flash 基础知识、Flash 基本操作与应用、Flash 文本处理、图像、声音文件的导入和应用、Flash 基础动画、Flash 动画镜头表现、Action Script 常用语句、动画优化、测试和发布；项目实训篇包括：项目实训的目的、要求和参考题目、项目实训制作前期、项目实训制作中期、项目实训制作后期，各个环节都注重实践性。从实际操作入手，理论指导实践，实践归纳总结。使读者从软件的熟练使用到动画创作，真正掌握 Flash 动画制作及创作能力。项目实训篇更突出 Flash 动画项目的制作流程、制作过程等。

本书适用于高等职业学校、高等专科学校、成人高校以及本科院校举办的二级职业技术学院、继续教育学院和民办高校使用，也可作为培训教材和自学参考书。

本书配有电子教案和素材文件，读者可以从中国水利水电出版社网站和万水书苑免费下载，网址为：http://www.waterpub.com.cn/softdown/和 http://www.wsbookshow.com。

图书在版编目（ＣＩＰ）数据

Flash动画制作基础与项目实训实用教程 / 王成良，
马翠欣主编. -- 北京 : 中国水利水电出版社，2010.4
（21世纪高职高专数字媒体技术系列规划教材）
ISBN 978-7-5084-7408-3

Ⅰ. ①F… Ⅱ. ①王… ②马… Ⅲ. ①动画－设计－图形软件，Flash－高等学校：技术学校－教材 Ⅳ.
①TP391.41

中国版本图书馆CIP数据核字(2010)第062591号

策划编辑：雷顺加　　责任编辑：李 炎　　加工编辑：苏鹏艳　　封面设计：李 佳

书　　名	21世纪高职高专数字媒体技术系列规划教材 **Flash 动画制作基础与项目实训实用教程**	
作　　者	主　编　王成良　马翠欣 副主编　苏　玉　武海燕	
出版发行	中国水利水电出版社 （北京市海淀区玉渊潭南路 1 号 D 座　100038） 网址：www.waterpub.com.cn E-mail：mchannel@263.net（万水） 　　　　sales@waterpub.com.cn 电话：（010）68367658（营销中心）、82562819（万水）	
经　　售	全国各地新华书店和相关出版物销售网点	
排　　版	北京万水电子信息有限公司	
印　　刷	北京蓝空印刷厂	
规　　格	210mm×285mm　16 开本　17.25 印张　423 千字	
版　　次	2010 年 7 月第 1 版　2010 年 7 月第 1 次印刷	
印　　数	0001—4000 册	
定　　价	35.00 元（赠 1CD）	

丛书编委会

（按姓氏拼音排序）

序

    新媒体技术作为 21 世纪知识经济的核心产业之一，是继 IT 产业后又一新型经济增长点。它涵盖了二维动画、三维动画、影视技术、虚拟现实、视觉传达设计、网络游戏、多媒体等诸多行业领域，具备当今知识经济的全部特征。作为新媒体技术的重要组成部分：数字媒体技术及动漫游戏市场的发展，不仅代表了数字技术发展的新方向，而且对服装、玩具、食品等关联产业具有强烈的带动作用。

    目前，对于数字媒体技术教育的学科内涵和课程建设都处在探索之中，不可避免会存在数字媒体技术专业课程教学不够系统，实践环节缺乏，教学手段单一，科研支撑不够，高端研发与市场对接不够，项目教学课程创新少，专业教师缺乏等诸多问题。

    解决这些问题的根本方法，一是加快师资队伍的建设，尤其是加强师资队伍的实际动手能力；二是加强数字媒体技术专业人才培养方案的研究，使之科学化、实用化；三是加强教材体系、教学资源库建设，使之与行业技术、实际制作流程相一致，最终实现"学以致用"的人才培养目标。由于数字媒体技术教育具有跨越艺术与技术两大领域的特点，故对高校在确立人才培养方案、师资队伍建设、教学工具、教学手段等方面提出了全新的要求。如果继续按照传统的美术艺术教育、IT 教育的模式实施，可能与我们最终的人才培养目标相差很大。

    在计算机图形图像、动画影视、虚拟现实和网络多媒体的研究和应用中，不仅需要具备数字媒体信息的获取、表达、处理、存储、转换、传播等有关技术和表现的最新应用能力，而且需要具备一定的数字媒体技术应用能力，可以利用计算机从事工业设计、广告动画、电子商务网站设计、电子出版、多媒体及远程教育软件的设计与制作、电视电影的特技制作、电子游戏设计制作、虚拟制造中的各种媒体表现的设计与制作工作，也可以服务于与 IT 有关的各个方向（通讯、教育、出版、影视娱乐、广告、艺术、政府办公部门、设计制造部门和教学部门），为高品质的生活、现代化的生产、消费、文化、娱乐、通讯和教育提供技术支持。

    本套教材作者来至于教育界、企业界、学术团体及职业教育集团，他们带来了各自丰富的思想，从不同角度完善了数字媒体技术知识架构，确立了本系列教材的编写风格：力求从实战出发，遵循现代数字媒体技术企业"流水线"生产流程，根据设计岗位标准及要求来编写。按照理论 30%，案例 60%，习题 10%的比例来安排内容篇幅，同时尽量做到一本书从一个项目案例入手，最后将所有的案例合成为一部片子、一个作品，实现理论与实战的完美结合。本套教材努力避免传统高校数字媒体技术类教材重理论、轻实战的缺点，通过案例让学生能快速地理解数字媒体技术创作，掌握实际创作流程中各个环节的基本技能。

    本套教材可以作为数字媒体技术及相关专业学生的教科书，也可以作为该领域从业人员的参考书。由于编者学识有限，难免有疏漏之处，望广大读者提出宝贵意见，以利进一步修订，使本套教材不断完善。

丛书编委会

2010 年 6 月

前　言

Flash 动画在动漫产业快速发展的今天，越来越多的动画创作者青睐它，是因为它有着独特的制作魅力，简单易懂的操作界面和低投入的制作成本更受商业动画企业的喜爱。伴随着 Flash 动画电影、Flash 动画连续剧频频播出，更加受到观众认可。今后一段时间内，随着 Flash 动画人才需求的大量增加，Flash 动画教育将起到非常重要的作用。

本书主要以案例教学和项目制作实训过程为课程导向，强调培养应用型技能人才。从软件基础知识到项目前期的故事稿编写、角色设计、分镜头绘制、场景设计、设计稿制作，中期的元件库的建立、原动画调节，后期的声音、特效合成输出等项目环节入手，采用层层递进式学习模式。学习结束将掌握项目制作的系统知识和制作思路，打破了传统的纯软件知识学习或者纯粹的例子讲解的模块教学模式。

本书分为基础篇和项目实训篇两部分：

基础篇分为 7 章，较详细地讲解了 Flash 的基础知识，每章主要内容介绍如下：

第 1 章主要介绍 Flash 基础知识。

第 2 章主要介绍 Flash 基本操作与应用。

第 3 章主要介绍 Flash 文本处理、图像、声音文件的导入和应用。

第 4 章重点讲解 Flash 基础动画。

第 5 章主要介绍 Flash 动画镜头表现。

第 6 章主要介绍 Action Script 常用语句。

第 7 章主要介绍动画的优化、测试和发布。

项目实训篇分为四个课程模块，每个模块主要内容介绍如下：

实训模块一主要介绍项目实训的目的、要求和考核，以及成绩的评定等。

实训模块二主要介绍项目制作前期的故事稿编写、角色设定、分镜头绘制、场景设计、设计稿绘制等。

实训模块三主要介绍 Flash 动画元件库的建立，原动画的调节，以及相关软件的使用方法等。

实训模块四主要介绍后期的声音、字幕特效、合成输出等。

本书是我们在企业实践和教学过程中不断更新，适合学生学习的基础上编写而成的。我们的目的是让读者更快、更好地掌握 Flash 动画技术，在很短的时间内打下扎实的基础，并且能够迅速地把所学知识应用到实际操作当中。

本书要感谢顾滨院长在编写过程中给予的建设性指导和建议。还要感谢提供技术支持的各位同仁朋友刘必光、李杰、杨新田、王成鹏、张宝来、周银桂、王丽娟、顾晓春、赵震、彭伟、张秀燕、徐洁。由于时间仓促，加之笔者水平有限，疏漏之处在所难免，希望广大读者批评指正，在此表示致谢。

编　者

2010 年 6 月

目　　录

项目实训篇

基础篇

第1章
Flash 基础知识

 本章导读

　　Flash 软件的应用领域越来越宽，深受动画创作者的喜爱。尤其现在商业领域盛行的"无纸动画"。Flash 软件以其低成本、高效率，以及动画制作的规范性，使得优势已趋于明显。以前 Flash 作为一个辅助软件只讲解基本的命令和简单动画，而今更加加强角色动画的制作等。

　　本章主要介绍 Flash 软件的简介及应用范围、Flash 界面与工作环境、Flash 软件的基本操作设置、Flash 的特点、Flash 动画的创作流程。从了解软件到动画创作流程，为后续内容打下基础。

 本章要点

- Flash 简介及应用范围
- Flash 界面与工作环境
- Flash 软件的基本设置
- Flash 的特点
- Flash 动画的创作流程

1.1　Flash 简介及应用范围

　　Flash 软件应用于动画生产是近些年才出现的，它是一款多媒体动画制作软件。作为一种交互式动画设计工具，用它可以将音乐、声效、动画方便地融合在一起，以制作出高品质的动态效果，或者说是动画。

　　Flash 动画有别于以前我们常用于网络的 GIF 动画，它采用的是矢量绘图技术。矢量图是可以无限放大，而图像质量不受损失的一种格式。由于动画是由矢量图构成的，就大大的节省了动画文件的大小，在网络带宽局限的情况下，提升了网络传输的效率；可以方便地下载观看，一个几分钟长度的 Flash 动画片也许只有几兆大小。

　　Flash 强调交互性，即让观众在一定程度上参与动画进行。举个简单例子就是：当动画进行到某个地方，可以选择动画的跳转。

　　Flash 虽然有着较强的程序功能（ActionScript），但是我们大多数人认识 Flash 还是因为它制作的 Flash 动画。Flash 的应用范围一般来说主要有以下几处：

- 制作网页，甚至是整个网站都可以用它来完成。

- 动画制作，包括网页动画和角色动画（MTV、广告片头、贺卡）。
- 信息媒体应用（多媒体课件、软件片头）。
- 制作开发游戏。

1.1.1　制作网页

网页作为 21 世纪的一个很重要的宣传媒体，也是一个比较直接的资源共享平台，所以毫无疑问网页动画有了应用性很广的领域。我们现在打开每一个大大小小的网页都有各种各样的动画，这些动画大部分是由 Flash 来完成的，国内也有一些用户用 Flash 开发网站建设，因此，Flash 成为网页制作的主流软件并起着主导作用，如图 1-1 所示。

图 1-1　网页

1.1.2　动画制作

Flash 动画大概可以分两种：一种是网页动画；一种是角色动画。这两种动画我们都很常见。网页动画是用动态的形状、文字、颜色等构成完整的内容，起到宣传广告和声画结合的效果，大部分用于网上广告，企业宣传等；而角色动画大多是以人物、动物等设定的角色制作动画，一般内容较长，制作难度相对较大，大多用于娱乐（如 MTV、动画片），如图 1-2 所示。

图 1-2　动画

1 chapter
2 chapter
3 chapter
4 chapter
5 chapter
6 chapter
7 chapter
1 module
2 module
3 module
4 module

1
chapter

2
chapter

3
chapter

4
chapter

5
chapter

6
chapter

7
chapter

1
module

2
module

3
module

4
module

1.1.3　信息媒体应用

Flash 还被应用于交互性的多媒体软件信息技术方面，比如软件的安装界面、多媒体的教学课件，还有一些电子看图等。它的开发使得我们在交互性上方便了很多，符合大部分用户的要求。尤其是 ActionScript，使用户在 Flash 的交互性方面有了很大的发挥空间，如图 1-3 所示。

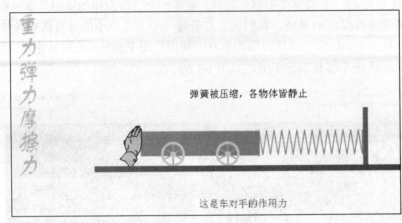

图 1-3　多媒体课件

1.1.4　制作开发游戏

Flash 游戏制作开发也有着较为广泛的应用，尤其现在的手机二维游戏，以其容量小、易操作等特性深受大家的喜爱。它不仅可以制作漂亮的画面，而且可以体现完美的交互性，如图 1-4 所示。

图 1-4　游戏画面

▌1.2　Flash 界面组成

打开 Flash，我们会看到如图 1-5 所示的界面。一般情况下，Flash 在创建或者编辑影片时会使用以下几个区域：

- 菜单栏
- 舞台
- 时间轴
- 帧和关键帧
- 层
- 工具箱
- 网格、辅助线和标尺
- 浮动面板和属性面板
- 场景
- 影片浏览器

图 1-5　Flash CS3 Pro 界面

1.2.1　菜单栏

　　Flash 的界面和其他软件一样采用了典型的窗口。菜单栏在标题栏的下方，和普通的软件一样，这样首先给用户很亲切的感觉。用户可以根据自己的需要在相应的下拉菜单中找到相应的命令。

　　菜单栏共有 11 个菜单，分别是：文件、编辑、视图、插入、修改、文本、命令、控制、调试、窗口、帮助，如图 1-6 所示。

文件(F)　编辑(E)　视图(V)　插入(I)　修改(M)　文本(T)　命令(C)　控制(O)　调试(D)　窗口(W)　帮助(H)

图 1-6　菜单栏

1.　"文件"菜单

　　"文件"菜单主要用于一些基本的文件管理操作，如打开、新建、保存等命令，它们是最常用和最基本的功能。

2.　"编辑"菜单

　　"编辑"菜单主要用于一些基本的编辑操作，如复制、粘贴、选择、参数设置等。其中"插

1
chapter

2
chapter

3
chapter

4
chapter

5
chapter

6
chapter

7
chapter

1
module

2
module

3
module

4
module

入对象"命令可以用来插入外部其他应用程序的对象并调用相应的应用程序对其编辑。它们是文件编辑过程当中常用的一些命令。

3. "视图"菜单

"视图"菜单中的命令主要用于屏幕显示的控制，包括显示比例、显示轮廓、缩放、网格和隐藏等。所有这些都是为了制作和编辑的方便应用。

4. "插入"菜单

"插入"菜单提供了新建元件、时间轴、时间轴特效等。它们都是制作动画不可缺少的命令。

5. "修改"菜单

"修改"菜单中的命令主要用于修改动画或者影片中的各种对象的属性、参数等，如场景、层、帧。

6. "文本"菜单

"文本"菜单控制影片中文字的大小、字体、颜色、效果等，在影片中若要对其文字进行设置，也可以在属性面板中进行。

7. "命令"菜单

"命令"菜单起辅助的作用，一般情况下不常用，它把我们添加的不同的命令显示在这里。

8. "控制"菜单

"控制"菜单对影片的播放进行控制，通过其中的命令可以使影片前进或者后退，还可以在影片正式输出前观看影片是否完整合理，通过"测试影片"来实现。

9. "调试"菜单

Flash CS3 将调试命令单列为一个菜单选项，进入调试模式后可以从 FLA 文件或 ActionScript 3.0 的 AS 文件开始调试，还可以向所有通过 FLA 文件创建的 SWF 文件添加调试信息。

10. "窗口"菜单

"窗口"菜单是动画制作不可缺少的，它的很多命令都是需要熟练掌握的，还包括了界面当中一些面板的显示与隐藏。

11. "帮助"菜单

"帮助"菜单主要包含了帮助信息、基础教程和一些典型的例子，初学者也可以通过它的教程进行自学。

1.2.2 工具箱

利用工具箱中的工具可以绘制、涂色、选择和修改位图，并可以更改舞台的视图。工具箱如图 1-7 所示，分为四个部分：

- "工具"区域包含绘画、涂色和选择工具。
- "查看"区域包含在应用程序窗口内进行缩放和移动的工具。
- "颜色"区域包含用于笔触颜色和填充颜色的功能键。
- "选项"区域显示选定工具的组合键，这些组合键会影响工具的涂色或编辑操作。使用"自定义工具栏"对话框，可以指定要在 Flash 创作环境中显示哪些工具。

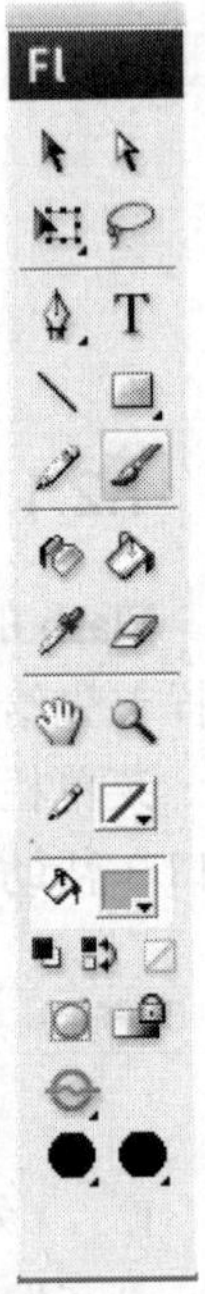

图 1-7 工具箱

1.2.3 线性工具属性面板

有几种绘图工具的属性面板是非常相似的，它们是"直线工具"、"钢笔工具"、"椭圆工具"、"矩形工具"、"铅笔工具"、"墨水瓶工具"，如图 1-8 所示。

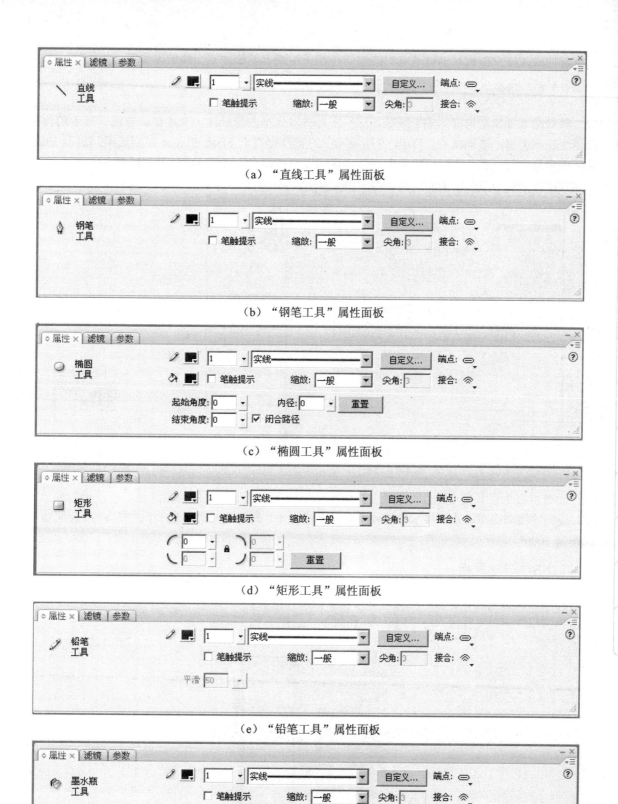

（a）"直线工具"属性面板

（b）"钢笔工具"属性面板

（c）"椭圆工具"属性面板

（d）"矩形工具"属性面板

（e）"铅笔工具"属性面板

（f）"墨水瓶工具"属性面板

图 1-8　线性工具属性面板

1
chapter

2
chapter

3
chapter

4
chapter

5
chapter

6
chapter

7
chapter

1
module

2
module

3
module

4
module

我们通过属性面板可以调节它们的颜色、线条粗细、笔触样式、线的端点等。

1.2.4　舞台

舞台是放置图形内容的矩形区域，这些图形内容包括矢量插图、文本框、按钮、导入的位图图形或视频剪辑，诸如此类。Flash 创作环境中的舞台相当于 Flash Player 在回放期间显示 Flash 文档的矩形空间。在工作时可以放大或缩小视图以更改舞台，如图 1-9、图 1-10 所示。

图 1-9　舞台　　　　　　　　　　　　　　　　　　　　　　图 1-10　缩放视图

要在屏幕上查看整个舞台，或者在高缩放比率情况下查看绘画的特定区域，可以更改缩放比率。最大的缩放比率取决于显示器的分辨率和文档大小。舞台上的最小缩小比率为 8%，最大放大比率为 2000%。

1.2.5　浮动面板

浮动面板位于屏幕右边，这些面板可以根据用户需要自行排布。如果界面要改回默认状态，单击"窗口"→"工作区"→"默认"，如图 1-11、图 1-12 所示。

图 1-11　恢复默认界面命令

浮动面板可以移动并且可以拖拽到其他地方。单击面板栏也可以收缩面板，如图 1-13 所示。

图 1-12　浮动面板

图 1-13　移动面板和收缩面板

浮动面板还可以进行组合，按住面板上端拖向其他面板区域时会变成淡蓝色，松开鼠标就可以将几个面板组合在一起，如图 1-14 所示。

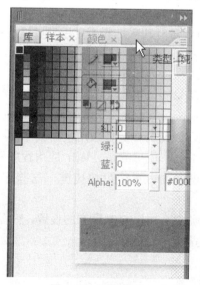

图 1-14　面板组合

若将界面进行了自定义安排，要保存，则选择保存就可以了。执行"窗口"→"工作区"→

1
chapter

2
chapter

3
chapter

4
chapter

5
chapter

6
chapter

7
chapter

1
module

2
module

3
module

4
module

"保存当前"命令，在弹出的对话框中输入文本名称，单击"确定"按钮。这时保存的工作区名称就出现在菜单当中，如图 1-15 所示。

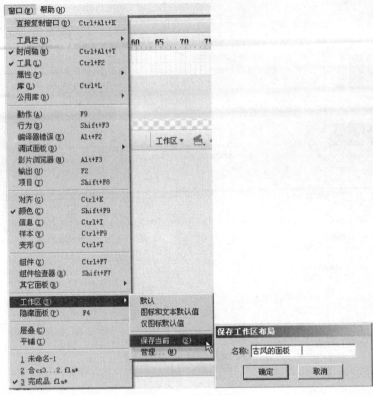

图 1-15 保存面板

▌▌1.3 Flash 软件的基本设置

在使用 Flash 前，需要对 Flash 进行相关的设置，用户可以设置常规应用程序操作、编辑操作和剪贴板操作的首选参数。

1. 设置 Flash 中的首选参数

选择"编辑"→"首选参数"命令，如图 1-16 所示。

2. 自定义键盘快捷键

可以在 Flash 中选择快捷键，以便与在其他应用程序中所使用的快捷键一致，或使 Flash 工作流程更为流畅。默认情况下，Flash 使用的是 Flash 应用程序专用的内置键盘快捷键。也可以选择几种常用图形应用程序中设置的内置键盘快捷键，这些应用程序包括 Fireworks、Adobe Illustrator 和 Adobe Photoshop。

要创建自定义的键盘快捷键设置，可以复制现有的设置，然后在新设置中添加或删除快捷键。也可以删除自定义键盘快捷键设置。

● 选择键盘快捷键设置

（1）选择"编辑"→"快捷键"。

（2）在"快捷键"对话框中，从"当前设置"下拉列表框中选择一种快捷键设置。

● 创建新的快捷键设置

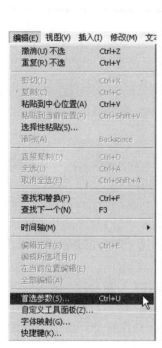

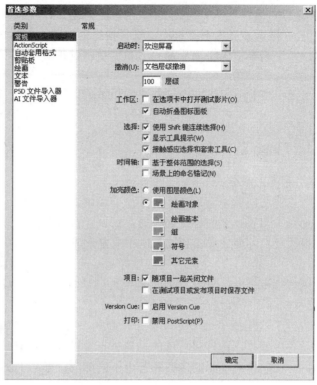

图 1-16　打开首选参数对话框

（1）按照前面过程中所述方法选择一个快捷键设置。

（2）单击"复制副本"按钮。

（3）输入新键盘快捷键设置的名称，然后单击"确定"按钮。

● 重命名自定义的快捷键设置

（1）在"快捷键"对话框中，从"当前设置"下拉列表框中选择一种快捷键设置。

（2）单击"重命名设置"按钮。

（3）在"重命名"对话框中，输入新名称，然后单击"确定"按钮。

● 要添加或删除快捷键

（1）选择"编辑"→"快捷键"，然后选择想要修改的设置。

（2）从"命令"下拉列表框中选择"绘画菜单命令"、"绘画工具"、"测试影片菜单命　令"或"工作区辅助功能命令"，以便查看所选类别的快捷键。

（3）在"命令"列表中，选择要为其添加或删除快捷键的命令。所选命令的说明将显示在对话框的"描述"区域中。

● 执行以下操作

（1）要添加快捷键，请单击"添加快捷键"（+）按钮。

（2）要删除快捷键，请单击"删除快捷键"（-）按钮，然后继续执行"删除快捷键设置"。

（3）如果要添加快捷键，请在"按键"文本框中输入新的快捷键组合。

（4）单击"更改"按钮。

（5）重复此过程，添加或删除其他快捷键。

（6）单击"确定"按钮。

● 删除快捷键设置

1
chapter

2
chapter

3
chapter

4
chapter

5
chapter

6
chapter

7
chapter

1
module

2
module

3
module

4
module

1
chapter

2
chapter

3
chapter

4
chapter

5
chapter

6
chapter

7
chapter

1
module

2
module

3
module

4
module

（1）选择"编辑"→"快捷键"。在"快捷键"对话框中，单击"删除设置"按钮。

（2）在"删除设置"对话框中，选择快捷键设置，然后单击"删除"按钮。

注意：不能删除 Flash 自带的内置键盘快捷键设置。

1.4　Flash 的特点与动画的创作流程

1.4.1　Flash 的特点

1．操作简单，硬件要求低

事实可以说明问题，一夜之间有多少非动画人员制作出了自己的动画片，这在早些年是无法想象的，而且不需要什么硬件上的投资，仅仅一台普通的个人电脑和几个相关软件，这和传统动画制作中庞大复杂的专业设备相比根本不算是设备。

Flash 上手非常快，一个具有一定软件基础的人在几天内就可学会 Flash 的基本操作，网上的绝大多数闪客都不是专业出身，有的并不会画画，可是他们也用这个软件制作出了不错的动画。

2．功能较强，可以综合众多环节在 Flash 里完成动画

前面说过了，Flash 是集众多功能于一身的，绘画、动画编辑、特效处理、音效处理等事宜都可在这个软件中操作，也许每一项的功能都不算很强大，但是制作出一定质量的动画片应该是没什么问题的。比起传统动画的多个环节由不同部门、不同人员、分别操作，可谓简单易行。

1.4.2　Flash 的局限

Flash 有这么多优点，那么就一定会有一些局限，确实，在制作动画时也有它的局限性。

1．制作较为复杂的动画

在用 Flash 制作较为复杂的动画时很费力，特别是某些必须一张张画的动作，比如转面动作。转面是动画中常碰到的情况，就是动画角色从正面转到侧面或者从背面转到正面等，这时画起来比用传统方法更加费力，毕竟用鼠标和绘图笔没有真正的纸笔好操作。往往碰到需要逐帧渐变的复杂动作，造型又比较写实，还是要用传统方法中的拷贝台和纸笔。

2．矢量绘图的局限

在电脑中绘画不比用铅笔在纸上画，很难控制笔触的准确运行，若是画风格简洁又卡通的角色时问题不大，但是要绘制写实、精细风格的角色时就力不从心了，在绘制矢量背景时这个问题更加突出。矢量图虽然有不少优点，比如可以无限放大而不失真，文件体积小等，可是同样存在致命的缺陷，它的过渡色很生硬单一，很难画出色彩丰富、柔和的图像，为了回避这一弱点，不得不采用其他软件或者手工绘制的位图来解决，这样又使文件体积增大，不能体现出 Flash 的原本优势。这一点是矢量绘图很难克服的缺点。

随着时代发展，会不断有新生事物产生，动画也是如此。早期只有很简单的类似剪影的动画出现，后来技术和形式日渐丰富，派生出许多动画种类，进入电脑时代又出现了电脑动画、三维动画技术，但是每种动画表现形式之间并不冲突，并且常常相互结合运用，近些年一些成功的动画片都是多种动画技术结合的作品。

1.4.3　Flash 动画的创作流程

在传统动画的制作流程中要经过好多的工序，部门分工很细，成本就比较高。Flash 动画可以一个人兼顾几个环节，也可以独立创作短片，所以 Flash 动画的制作流程要比传统动画简单些。

每个公司或者个人都有自己的制作方式和方法，其过程大体一致。Flash 动画制作主要分为制作前期、制作中期、制作后期。

前期包括准备策划、选题、研究、编写故事、角色设计、分镜头、场景设计、设计稿等；

中期包括元件库建立、原画绘制、动画添加等；

后期包括声音录制、特效添加、剪辑合成等。

 ## 本章小结

通过本章的学习我们首先了解了 Flash 简介及应用范围、Flash 界面与工作环境，目的是让大家先明白 Flash 究竟能做什么，以及它的界面布局和工作环境，并对它的面板的应用和设置进行了说明，重点对 Flash 软件的基本设置和 Flash 的特点进行讲解，介绍了 Flash 在动画中的创作流程。虽然 Flash 在动画领域有其独特的功能，但它还有自身无法替代传统动画的不足，我们取长补短，对软件的熟练操作和基本性能的掌握，是发挥它强大功能的有力保障。

 ## 课后任务

任务内容一：

课后练习任务			
任务名称	自定	任务内容名称	收集观看 Flash 作品
制作时间	1 周	是否完成	
内容要求	1. 收集观看 Flash 作品 2. 根据本章所列应用范围，各找一部代表作品 3. 写出观后感		
成绩评定	□不合格（<60 分）　　□合格（≥60 分）　　□良好（≥80 分）		

任务内容二：

课后练习任务			
任务名称	自定	任务内容名称	熟悉 Flash 界面
制作时间	1 周	是否完成	
内容要求	1. 设置个性面板布局并保存 2. 熟悉工具名称		
成绩评定	□不合格（<60 分）　　□合格（≥60 分）　　□良好（≥80 分）		

1 chapter

2 chapter

3 chapter

4 chapter

5 chapter

6 chapter

7 chapter

1 module

2 module

3 module

4 module

第 2 章
Flash 基本操作与应用

 本章导读

为了在以后的制作当中提高效率，对 Flash 软件的熟练应用是十分重要的。本章主要从 Flash 基本工具的使用、帧、关键帧、时间轴的使用，图层、元件、库资源管理与实例、基本命令、对话框的使用入手，由浅入深，通过实例详细讲解在操作中可能遇到的问题及解决方法，并根据需要重点讲解了常用的工具和命令操作，为后续章节内容打下坚实的基础。

 本章要点

- Flash 基本工具的使用
- Flash 帧、关键帧
- Flash 时间轴的使用
- Flash 图层
- Flash 元件
- Flash 库资源管理与实例

2.1 Flash 基本工具的使用

2.1.1 绘画和涂色工具

Flash 提供了各种工具来绘制自由形状或准确的线条、形状和路径，并可以用来对填充对象涂色。

在使用大多数 Flash 工具时，"属性"面板会发生变化，以显示与该工具相关联的设置。例如，如果选择文本工具，"属性"面板会显示文本属性，从而可以轻松选择所需文本属性。

当使用绘画或涂色工具创建对象时，该工具会将当前笔触和填充属性应用于该对象。要更改现有对象的笔触和填充属性，可以使用工具栏中的颜料桶和墨水瓶工具或"属性"面板。

在创建了线条和形状轮廓之后，可以用各种方式改变它们。填充和笔触应看作不同的对象，可以分别选择填充和笔触来移动或修改它们。

可以使用对齐功能来让各个元素彼此自动对齐以及让元素与绘画网格或辅助线对齐。

1. 铅笔工具

要绘制线条和形状，可以使用铅笔工具，以和使用真实铅笔大致相同的方式来绘画。要在绘画时平滑或伸直线条和形状，可以给铅笔工具选择一种绘画模式。

（1）选择 ✐ 铅笔工具。

（2）选择"窗口"→"属性"并在"属性"面板中选择笔触颜色、线条粗细和样式，如图 2-1 所示。

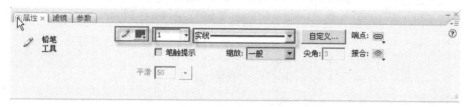

图 2-1　"属性"面板

（3）在工具栏的"选项"下选择一种绘画模式，如图 2-2 所示。

● 选择"直线化"可以绘制直线，并将接近三角形、椭圆、圆形、矩形和正方形的形状转换为这些常见的几何形状。

● 选择"平滑"可以绘制平滑曲线。

● 选择"墨水"可以绘制不用修改的手画线条。

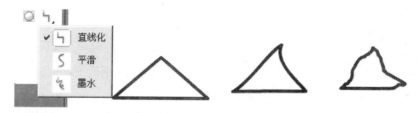

图 2-2　分别以直线化、平滑和墨水模式绘制的线条

（4）用铅笔工具在舞台上拖动进行绘画。按住 Shift 键拖动可将线条限制为垂直或水平方向。

2. 直线、椭圆和矩形工具

可以使用直线、椭圆和矩形工具轻松创建这些基本几何形状。椭圆和矩形工具可以创建笔触和填充形状。矩形工具可以创建方角或圆角的矩形。

（1）绘制直线、椭圆或矩形。

● 选择 ╱直线、◯椭圆或□矩形工具。

● 选择"窗口"→"属性"，然后在"属性"面板中选择笔触和填充属性。注意：无法为直线工具设置填充属性。

● 对于椭圆和矩形工具，按住 Shift 键拖动可以将形状限制为圆形和正方形。

● 对于线条工具，按住 Shift 键拖动可以将线条限制为倾斜 45 度的倍数，如图 2-3 所示。

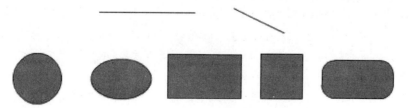

图 2-3　绘制的直线、椭圆和矩形

1
chapter

2
chapter

3
chapter

4
chapter

5
chapter

6
chapter

7
chapter

1
module

2
module

3
module

4
module

（2）绘制多边形和星形。使用多角星工具，可以绘制多边形和星形。可以选择多边形的边数或星形的顶点数（从 3～32），也可以选择星形顶点的深度。

①在矩形工具上单击并按住鼠标，然后拖动以从弹出菜单中选择 多角星形工具。

②选择"窗口"→"属性"以查看"属性"面板，如图 2-4 所示。

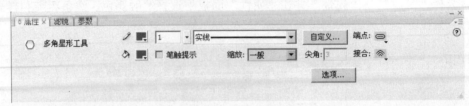

图 2-4　"属性"面板

③在"属性"面板中单击"选项"按钮。

④在"工具设置"对话框中：

- 对于"样式"，选择"多边形"或"星形"。
- 对于"边数"，输入一个介于 3～32 之间的数字。
- 对于"星形顶点大小"，输入一个介于 0～1 之间的数字以指定星形顶点的深度。此数字越接近 0，创建的顶点就越深（如针）。如果是绘制多边形，应保持此设置不变（它不会影响多边形的形状）。
- 单击"确定"按钮关闭"工具设置"对话框。
- 在舞台上拖动。

3．钢笔工具

要绘制精确的路径，如直线或者平滑流畅的曲线，可以使用 钢笔工具创建直线或曲线段，然后调整直线段的角度和长度以及曲线段的斜率。

当使用钢笔工具绘画时，进行单击和拖动可以在曲线段上创建点。可以通过调整线条上的点来调整直线段和曲线段。可以将曲线转换为直线，反之亦可。也可以显示您用其他 Flash 绘画工具，如铅笔、刷子、线条、椭圆或矩形工具在线条上创建的点，以调整这些线条。

（1）用钢笔工具绘制直线。要使用钢笔工具绘制直线段，先要创建锚记点，也就是线条上确定每条线段长度的点。

①选择 钢笔工具。

②选择"窗口"→"属性"，然后在"属性"面板中选择笔触和填充属性。

③将指针定位在舞台上想要绘制直线开始的地方，然后单击以定义第一个锚记点。

④在想要直线结束的位置再次单击。按住 Shift 键进行单击可以将线条限制为倾斜 45 度的倍数。

⑤继续单击以创建其他直线段，如图 2-5 所示。

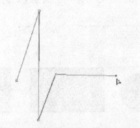

图 2-5　使用钢笔工具绘制直线

（2）用钢笔工具绘制曲线路径。在想要曲线到达的方向上拖动钢笔工具来创建第一个锚记点，然后朝相反的方向拖动钢笔工具来创建第二个锚记点，从而创建曲线。

当使用钢笔工具创建曲线段时，线段的锚记点显示为切线手柄。每个切线手柄的斜率和长度决定了曲线的斜率和高度，或者深度。移动切线手柄可以改变路径曲线的形状。

①选择 钢笔工具。

②将钢笔工具放置在舞台上想要曲线开始的地方，然后按下鼠标左键。

③此时出现第一个锚记点，并且钢笔尖变为箭头 。

④按住鼠标并向想要绘制曲线段的方向拖动。按下 Shift 键拖动可以限制为绘制 45 度的倍数。

⑤随着拖动，将会出现曲线的切线手柄，如图 2-6 所示。

图 2-6　有两个控制点的直线就是切线手柄

⑥释放鼠标左键。

⑦切线手柄的长度和斜率决定了曲线段的形状，可以在以后移动切线手柄来调整曲线。

⑧要绘制曲线的下一段，将指针放置在想要下一线段结束的位置上，然后拖动该曲线。

4. 选择工具

（1）部分选取工具改变线条和形状轮廓的形状。可以改变用铅笔、刷子、线条、椭圆或矩形工具创建的线条和形状轮廓，方法是使用选取工具进行拖动或优化它们的曲线。

也可以使用部分选取工具来显示线条和形状轮廓上的点并通过调整这些点来修改线条和轮廓。

要显示用铅笔、刷子、线条、椭圆或矩形工具创建的线条和形状轮廓上的锚记点：

①选择 部分选取工具。

②单击线条或形状轮廓，如图 2-7 所示。

图 2-7　显示锚记点

（2）选择工具改变形状。要改变线条或形状轮廓的形状，可以使用 选择工具拖动线条上的任意点。指针会发生变化，以指明在该线条或填充上可以执行哪种类型的形状改变，如图 2-8 所示。

图 2-8　选择工具右下角的形状代表了哪种类型的形状改变

1 chapter

2 chapter

3 chapter

4 chapter

5 chapter

6 chapter

7 chapter

1 module

2 module

3 module

4 module

Flash 将调整线段曲线以适应移动点的新位置。如果重定位的点是曲线上的点，则可以调整曲线的弧度。如果重定位的点是转角，则组成转角的线段在它们变长或缩短时仍保持伸直。当⌐转角出现在指针附近时，可以更改转角点。当⌐曲线出现在指针附近时，可以调整曲线，如图 2-9 所示。

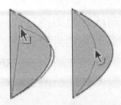

图 2-9　更改转角点及调整曲线

如果在改变复杂线条的形状时遇到困难，可以把它弄平滑，去掉它的一些细节即多余的点，这样就会使得形状改变容易一些。增加缩放比例还可以更方便、更精确地改变形状。

（3）使用选择工具改变线条或形状轮廓的形状，如图 2-10、图 2-11、图 2-12 所示。

图 2-10　拖动曲线线段上的任意点来改变其形状

图 2-11　拖动直线线段上的任意点来改变其形状

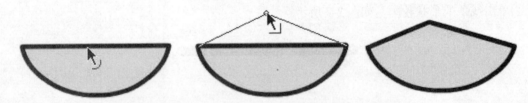

图 2-12　按住 Ctrl 键拖动线条来创建一个新的转角点

选取选择工具，执行以下任一项操作：

● 拖动线段上的任意点来改变其形状。

● 按住 Ctrl 键拖动线条来创建一个新的转角点。

5. 擦除工具

使用橡皮擦工具进行擦除可删除笔触和填充，可以快速擦除舞台上的任何内容，擦除个别笔触段或填充区域，或者通过拖动进行擦除，如图 2-13 所示。

可以自定义橡皮擦工具以便只擦除笔触、只擦除数个填充区域或单个填充区域。橡皮擦工具可以是圆的或方的，它可以有五种尺寸，如图 2-14 所示。

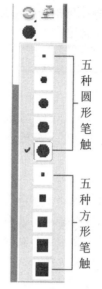

五种圆形笔触

五种方形笔触

图 2-14　笔触类型

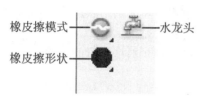

橡皮擦模式

水龙头

橡皮擦形状

图 2-13　擦除工具

（1）快速删除舞台上的所有内容，双击橡皮擦工具。

（2）删除笔触段或填充区域：

① 选择橡皮擦工具，然后单击 "水龙头" 选项。

② 选择要删除的笔触段或填充区域。

（3）通过拖动进行擦除：

① 选择橡皮擦工具。

② 单击 "橡皮擦模式" 选项并选择一种擦除模式：

● "标准擦除" 擦除同一层上的笔触和填充。

● "擦除填色" 只擦除填充，不影响笔触。

● "擦除线条" 只擦除笔触，不影响填充。

● "擦除所选填充" 只擦除当前选定的填充，并不影响笔触（不管笔触是否被选中）。以这种模式使用橡皮擦工具之前，请先选取要擦除的填充。

● "内部擦除" 只擦除橡皮擦笔触开始处的填充。如果从空白点开始擦除，则不会擦除任何内容。以这种模式使用橡皮擦并不影响笔触，如图 2-15 所示。

标准擦除

擦除填色

擦除线条

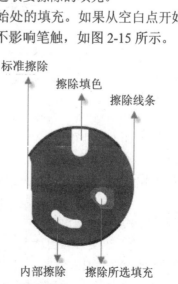

内部擦除　擦除所选填充

图 2-15　擦除模式

1
chapter

2
chapter

3
chapter

4
chapter

5
chapter

6
chapter

7
chapter

1
module

2
module

3
module

4
module

1
chapter

2
chapter

3
chapter

4
chapter

5
chapter

6
chapter

7
chapter

1
module

2
module

3
module

4
module

③ 单击"橡皮擦形状"选项并选择一种橡皮擦形状和大小，确保不要选中"水龙头"选项。

④ 在舞台上拖动。

2.1.2 颜色和填充

Flash 提供了多种用于应用、创建和修改颜色的方法。使用默认调色板或者自己创建的调色板，可以选择应用到要创建的对象或舞台中已有对象的笔触或填充的颜色。将笔触颜色应用到形状将会用这种颜色对形状的轮廓涂色。将填充颜色应用到形状将会用这种颜色对形状的内部涂色。

在将笔触颜色应用到形状的时候，可以选择任意的纯色，也可以选择笔触的样式和粗细。对于形状的填充，可以用纯色、渐变色或位图。要将位图填充应用到形状，必须把位图导入到当前文件中。还可以使用"无颜色"作为填充来创建只有轮廓没有填充的形状，或者使用"无颜色"作为轮廓来创建没有轮廓的填充形状。对文本可以应用纯色填充。

使用颜料桶、墨水瓶、滴管和填充变形工具，以及刷子和颜料桶工具的"锁定填充"选项，可以用多种方式修改笔触和填充的属性。

1. 访问系统颜色选择器

按住 Alt 键双击工具栏中、形状"属性"面板中或混色器中的"笔触颜色"或"填充颜色"控件，如图 2-16、图 2-17 所示。

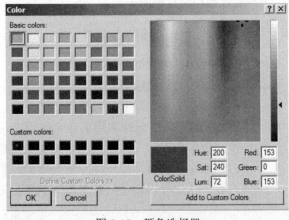

图 2-16　颜色或属性　　　　　　　　　　　　　图 2-17　颜色选择器

2. 用墨水瓶工具修改笔触

要更改线条或者形状轮廓的笔触颜色、宽度和样式，可以使用墨水瓶工具 。对直线或形状轮廓只能应用纯色，而不能应用渐变或位图。

（1）从工具栏中选择墨水瓶工具 。

（2）按照使用工具栏中的"笔触颜色"和"填充颜色"控件所述，选择一种笔触颜色。

（3）从"属性"面板中选择笔触样式和笔触宽度。

（4）单击舞台中的对象来应用对笔触的修改。

3. 用颜料桶工具应用纯色、渐变和位图填充

颜料桶工具 可以用颜色填充封闭的区域。此工具既可以填充空的区域也可以更改已涂色区域的颜色。可用纯色、渐变填充以及位图填充进行涂色。可以使用颜料桶工具填充未完全封闭的

区域，并且可以让 Flash 在使用颜料桶工具时闭合形状轮廓中的空隙。

（1）从工具栏中选择颜料桶工具 。

（2）选择填充颜色和样式，如使用"属性"面板中的"笔触颜色"和"填充颜色"控件中所述。

● 单击"空隙大小"选项，然后选择一个空隙大小选项：

➢ 如果要在填充形状之前手动封闭空隙，请选择"不封闭空隙"。对于复杂的图形，手动封闭空隙会更快一些。

➢ 选择某个封闭选项，让 Flash 填充有空隙的形状。

注意：如果空隙太大，可能必须手动封闭它们，如图 2-18 所示。

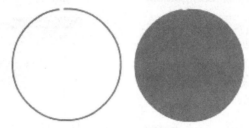

图 2-18　封闭空隙

● 单击要填充的形状或者封闭区域。

4．滴管工具复制笔触和填充

可以用滴管工具 从一个对象拷贝填充和笔触属性，然后立即将它们应用到其他对象。滴管工具 还允许从位图图像取样用作填充。

（1）选择滴管工具 ，然后单击要将其属性应用到其他笔触或填充区域的笔触或填充区域。当单击一个笔触时，该工具自动变成墨水瓶工具 。当单击已填充的区域时，该工具自动变成颜料桶工具 ，并且打开"锁定填充"功能键。

（2）单击其他笔触或已填充区域以应用新属性。

2.2　Flash 帧、关键帧

关键帧是指在动画中定义的更改所在的帧，或包含修改文档的帧动作的帧。Flash 可以在关键帧之间补间或填充帧，从而生成流畅的动画。因为关键帧可以不用画出每个帧就可以生成动画，所以使创建动画更容易。可以通过在时间轴中拖动关键帧来更改补间动画的长度。

帧和关键帧在时间轴中出现的顺序决定它们在 Flash 应用程序中显示的顺序。可以在时间轴中排列关键帧，以便编辑动画中事件的顺序。

在时间轴中，可以处理帧和关键帧，将它们按照想让对象在帧中出现的顺序进行排列。可以通过在时间轴中拖动关键帧来更改补间动画的长度。

可以对帧或关键帧进行如下修改：

● 插入、选择、删除和移动帧或关键帧。

● 将帧和关键帧拖到同一层中的不同位置，或是拖到不同的层中。

● 拷贝和粘贴帧和关键帧。

● 将关键帧转换为帧。

● 从"库"面板中将一个项目拖动到舞台上，从而将该项目添加到当前的关键帧中。

1 chapter
2 chapter
3 chapter
4 chapter
5 chapter
6 chapter
7 chapter
1 module
2 module
3 module
4 module

Flash 提供两种不同的方法在时间轴中选择帧。在基于帧的选择（默认情况）中，可以在时间轴中选择单个帧。在基于整体范围的选择中，在单击一个关键帧到下一个关键帧之间的任何帧时，整个帧序列都将被选中。可以在 Flash 首选参数中指定基于整体范围的选择。

要在时间轴中插入帧，请执行以下操作之一：

● 要插入新帧，请选择"插入"→"时间轴"→"帧"，快捷键是 F5，如图 2-19 所示。

● 要创建新关键帧，请选择"插入"→"时间轴"→"关键帧"，或者右击要在其中放置关键帧的帧，然后从快捷菜单中选择"插入关键帧"，快捷键是 F6，如图 2-20、图 2-21所示。

1
chapter

2
chapter

3
chapter

4
chapter

5
chapter

6
chapter

7
chapter

1
module

2
module

3
module

4
module

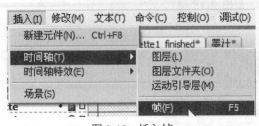
图 2-19 插入帧

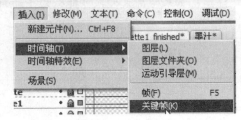
图 2-20 插入关键帧

● 要创建新的空白关键帧，请选择"插入"→"时间轴"→"空白关键帧"，或者右击要在其中放置空白关键帧的帧，然后从快捷菜单中选择"插入空白关键帧"，快捷键是 F7，如图 2-22、图 2-23 所示。

图 2-21 右键菜单

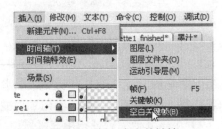
图 2-22 插入空白关键帧

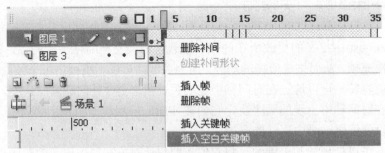
图 2-23 右键菜单

实例操作：飘动的云

案例要点：

本案例通过给云设置动画，了解插入帧和插入关键帧、以及空白关键帧。

操作步骤：

具体操作过程如下：

步骤 1： 新建文档，文档大小使用默认，如图 2-24 所示。

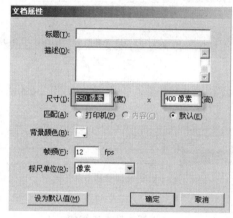

图 2-24　文档属性

步骤 2： 制作出"云"、"天空"元件，如图 2-25 所示。

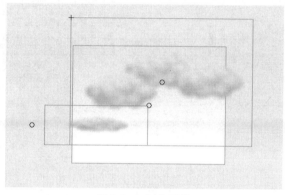

图 2-25　制作元件

步骤 3： 选中所有元件，单击鼠标右键，在弹出的快捷菜单中选择"分散到图层"命令，将每个元件分别放入图层，其目的为了方便制作动画，如图 2-26 所示。

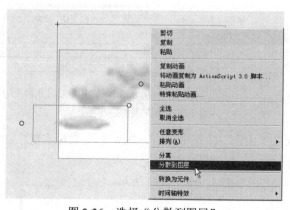

图 2-26　选择"分散到图层"

1 chapter
2 chapter
3 chapter
4 chapter
5 chapter
6 chapter
7 chapter
1 module
2 module
3 module
4 module

步骤 4：在第 40 帧处把"天空"图层插入帧，如图 2-27 所示。

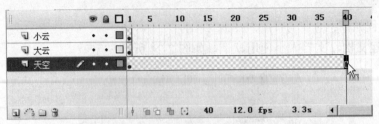

图 2-27　插入帧

步骤 5：在"大云"、"小云"第 40 帧插入关键帧，如图 2-28 所示。

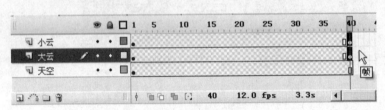

图 2-28　插入关键帧

步骤 6："大云"第 1 帧处放在靠画面左边，第 40 帧处放在靠画面右边。同样的方法调节"小云"，如图 2-29 所示。

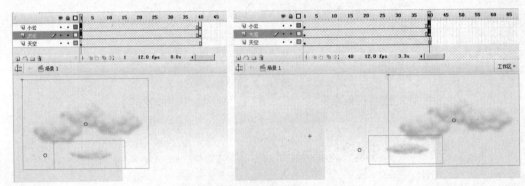

图 2-29　调节云的位置

步骤 7：将"小云"第 1 帧选中按住鼠标左键向后拖至第 10 帧的位置，前面为空白帧，如图 2-30 所示。

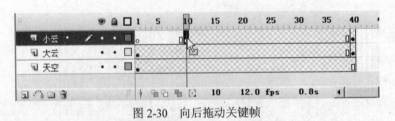

图 2-30　向后拖动关键帧

步骤 8：选中"小云"、"大云"图层中任意一帧，单击鼠标右键，选择"创建补间动画"，如图 2-31 所示。

步骤 9：云的移动动画制作完成，如图 2-32 所示。

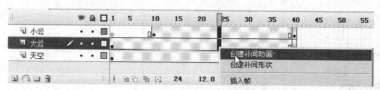

图 2-31　创建补间动画

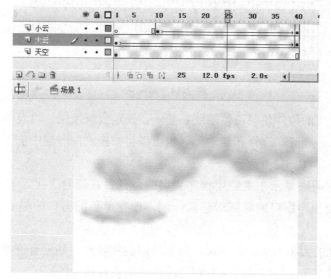

图 2-32　飘动的云

1
chapter

2
chapter

3
chapter

4
chapter

5
chapter

6
chapter

7
chapter

1
module

2
module

3
module

4
module

2.3　Flash 时间轴的使用

时间轴用于组织和控制文档内容在一定时间内播放的层数和帧数。与胶片一样，Flash 文档也将时长分为帧。层就像堆叠在一起的多张幻灯胶片一样，每个层都包含一个显示在舞台中的不同图像，如图 2-33 所示。时间轴的主要组件是层、帧和播放头。

图 2-33　图层

文档中的层列在时间轴左侧的列中。每个层中包含的帧显示在该层名右侧的一行中。时间轴顶部的时间轴标题指示帧编号。播放头指示在舞台中当前显示的帧。

时间轴状态显示在时间轴的底部，它指示所选的帧编号、当前帧频以及到当前帧为止的运行时间，如图 2-34 所示。

注意：在播放动画时，将显示实际的帧频；如果计算机不能足够快地显示动画，则该帧频可能与文档的帧频不一致。

可以更改帧在时间轴中的显示方式，也可以在时间轴中显示帧内容的缩略图。时间轴显示文档中哪些地方有动画，包括逐帧动画、补间动画和运动路径。

空白关键帧　补间动画　播放头　时间轴标题　　逐帧动画　　　　　　　　"帧视图"弹出菜单

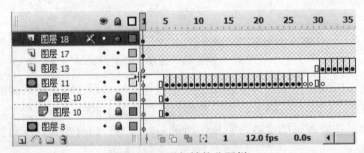

引导层图标　　帧层中按钮　当前帧指示器　运行时间指示器
　　　　　　绘图纸按钮　帧频指示器

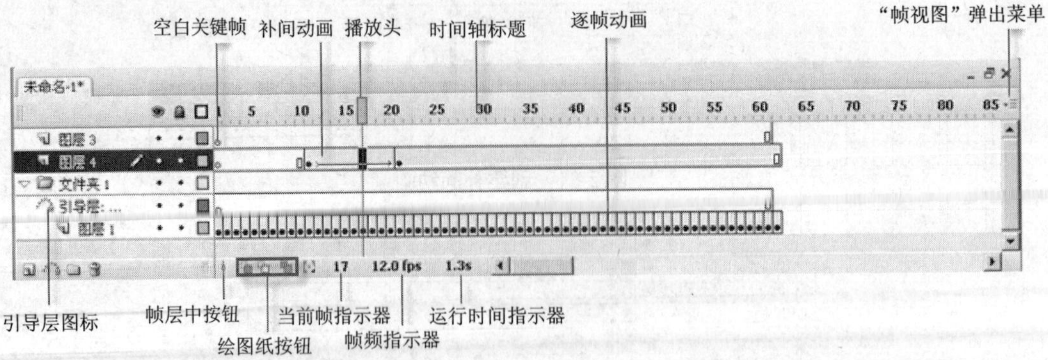

图 2-34　时间轴

时间轴的层部分中的控件使您可以隐藏、显示、锁定或解锁层，以及将层内容显示为轮廓。可以在时间轴中插入、删除、选择和移动帧。也可以将帧拖到同一层中的不同位置，或是拖到不同的层中。

默认情况下，时间轴显示在主应用程序窗口的顶部，在舞台之上。要更改其位置，可以将时间轴停放在主应用程序窗口的底部或任意一侧，或在单独的窗口中显示时间轴，也可以隐藏时间轴。

可以调整时间轴的大小，从而更改可以显示的层数和帧数。如果有许多层，无法在时间轴中全部显示出来，则可以通过使用时间轴右侧的滚动条来查看其他的层。

实例操作一：增大、缩小层名字段显示区域

案例要点：

拖动时间轴上的分隔栏，改变层名和帧部分显示区域的大小。

操作步骤：

具体操作过程如下：

步骤 1：移动鼠标至时间轴中分隔层名和帧部分的分隔栏，如图 2-35 所示。

图 2-35　层与帧的分隔栏

步骤 2：按下鼠标左键，拖动分隔栏左移，缩小层名字段的显示区域，如图 2-36 所示。
步骤 3：按下鼠标左键，拖动分隔栏右移，增大层名字段显示区域，如图 2-37 所示。

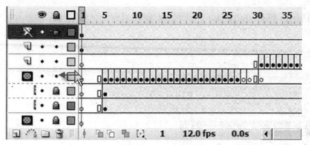

图 2-36　用鼠标拖动后层与帧的分隔栏

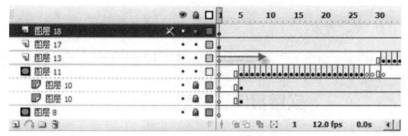

图 2-37　用鼠标拖动后

实例操作二：调整时间轴大小

案例要点：

本案例通过调整时间轴大小，显示时间轴的内容。

操作步骤：

具体操作过程如下：

步骤 1：如果时间轴停放在主应用程序窗口，请用鼠标拖动分隔时间轴和应用程序窗口的分隔栏，如图 2-38、图 2-39 所示。

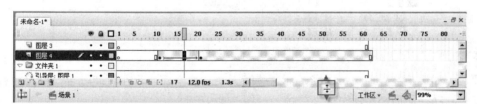

图 2-38　调整时间轴大小的分隔栏

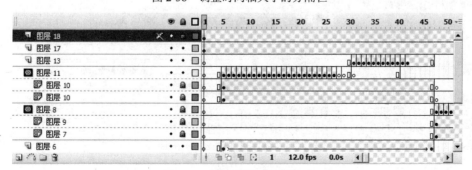

图 2-39　调整后的时间轴大小

1 chapter

2 chapter

3 chapter

4 chapter

5 chapter

6 chapter

7 chapter

1 module

2 module

3 module

4 module

1
chapter

2
chapter

3
chapter

4
chapter

5
chapter

6
chapter

7
chapter

1
module

2
module

3
module

4
module

步骤 2： 如果时间轴没有停放在主应用程序窗口中，请用鼠标拖动右下角，如图 2-40 所示。

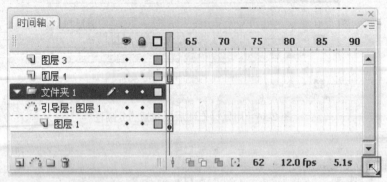

图 2-40　拖动窗口右下角调整时间轴的大小

实例操作三：移动播放头

案例要点：

本案例通过移动播放头，查看在时间轴上所显示的内容，以便随时进行修改。

操作步骤：

具体操作过程如下：

步骤 1： 播放头在时间轴上移动，指示当前显示在舞台中的帧。时间轴标题显示动画的帧编号。要在舞台上显示帧，可以将播放头移动到时间轴中该帧的位置，如图 2-41 所示。

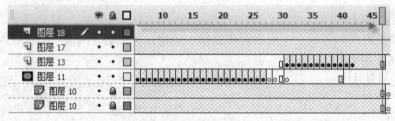

图 2-41　移动播放头

步骤 2： 如果正在处理大量的帧，而这些帧无法一次全部显示在时间轴上，则可以将播放头沿着时间轴移动，从而轻易地定位当前帧，如图 2-42 所示。

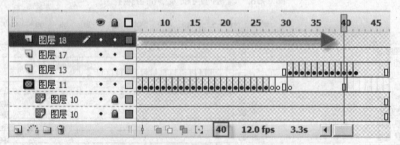

图 2-42　移动播放头定位当前帧

实例操作四：转到帧、使时间轴以当前帧为中心

案例要点：

本案例通过操作转到帧，主要是快速查看该帧。

操作步骤：

具体操作过程如下：

步骤 1：单击该帧在时间轴标题中的位置，或将播放头拖到所需的位置。如要在第 20 帧处修改该帧，如图 2-43 所示。

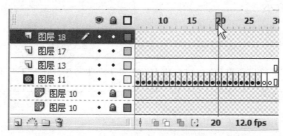

图 2-43　转到帧

步骤 2：要使时间轴以当前帧为中心单击时间轴底部的"帧居中"按钮，如图 2-44 所示。

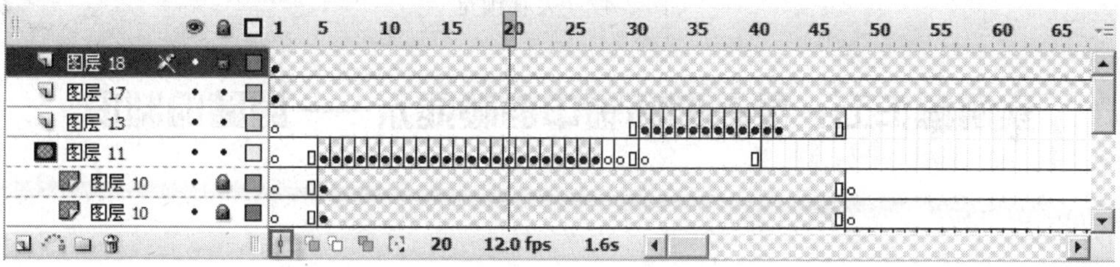

图 2-44　帧居中按钮

步骤 3：更改时间轴中的帧显示，单击时间轴右上角的"帧视图"按钮，显示"帧视图"弹出菜单，如图 2-45 所示。

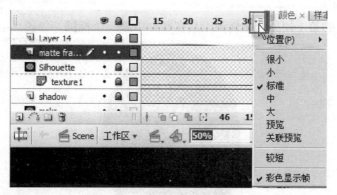

图 2-45　"帧视图"弹出菜单

步骤 4：要显示每个帧的内容缩略图（其缩放比率适合时间轴帧的大小），请选择"预览"。这可能导致内容的外观大小发生变化，如图 2-46 所示。

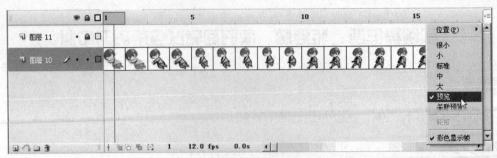

图 2-46　帧预览

步骤 5：要显示每个完整帧（包括空白空间）的缩略图，请选择"关联预览"。如果要查看元素在动画期间在它们的帧中的移动方式，此选项非常有用，但是这些预览通常比用"预览"选项生成的小，如图 2-47 所示。

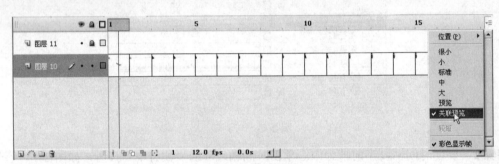

图 2-47　关联预览

实例操作五：更改时间轴中的帧显示——眼睛的制作

案例要点：

本案例通过操作更改时间轴中的帧显示，更加形象、直观地查看每一帧所显示的动画过程。

操作步骤：

具体操作过程如下：

步骤 1：在图层的第 1 帧处选择椭圆工具在舞台中画一个椭圆，如图 2-48 所示。

图 2-48　绘制椭圆

步骤 2：新建图层，选择矩形工具绘制高光和反光，如图 2-49 所示。

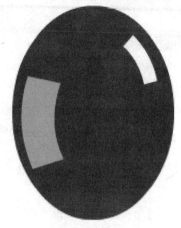

图 2-49　绘制高光和反光

步骤 3：用选择工具框选，按 F8 键将其转换成图形元件，如图 2-50 所示。

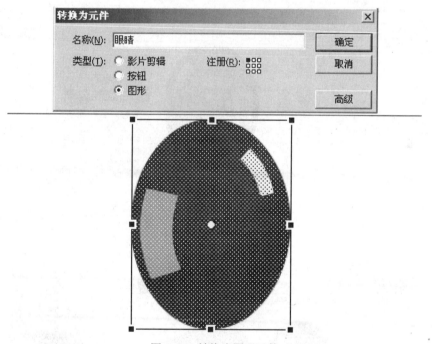

图 2-50　转换为图形元件

步骤 4：绘制闭眼。在第 20 帧处插入空白关键帧，打开绘图纸效果绘制直线，并用选择工具将直线拉弯，如图 2-51 所示。

步骤 5：在第 21 帧插入空白关键帧，复制第 1 帧，在舞台上单击右键，从快捷菜单中选择"粘贴到当前位置"，粘贴在第 21 帧处，并延长至第 25 帧，如图 2-52 所示。

步骤 6：关闭绘图纸效果，单击时间轴右上角的"帧视图"按钮，显示"帧视图"弹出菜单，选择"预览"，时间轴上的帧以动画图形显示，如图 2-53 所示。

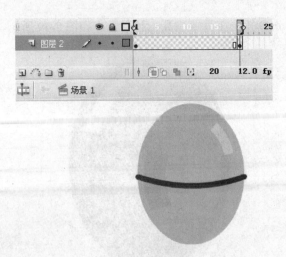

图 2-51　绘制闭眼

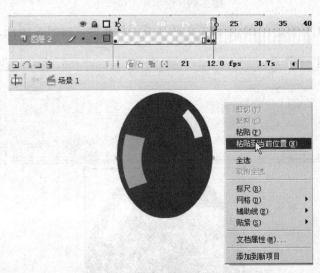

图 2-52　复制粘贴到当前位置

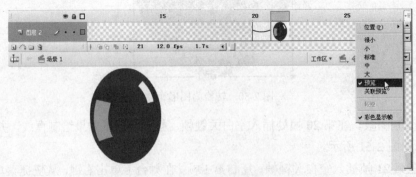

图 2-53　预览效果

2.4　Flash 图层

层就像透明的醋酸纤维薄片一样，一层层地向上叠加。层可以帮助组织文档中的插图，可以在层上绘制和编辑对象，而不会影响其他层上的对象。如果一个层上没有内容，那么就可以透过它看到下面的层，如图 2-54 所示。

图 2-54　编辑对象不影响其他图层

要绘制、上色或者对层或文件夹做其他修改，需要选择该层以激活它。层或文件夹名称旁边的 🖊 铅笔图标表示该层或文件夹处于活动状态。一次只能有一个层处于活动状态（尽管一次可以选择多个层）。

当创建了一个新的 Flash 文档之后，它就包含一个层。可以添加更多的层，以便在文档中组织插图、动画和其他元素。可以创建的层数只受计算机内存的限制，而且层不会增加发布的 SWF 文件的文件大小。可以隐藏、锁定或重新排列层。

还可以通过创建层文件夹然后将层放入其中来组织和管理这些层。可以在时间轴中展开或折叠层，而不会影响在舞台中看到的内容。对声音文件、动作、帧标签和帧注释分别使用不同的层或文件夹是个很好的习惯。这有助于在需要编辑这些项目时快速地找到它们。

另外，使用特殊的引导层可以使绘画和编辑变得更加容易，而使用遮罩层可以帮助创建复杂的效果。

2.4.1　创建层和层文件夹

在创建了一个新层或文件夹之后，它将出现在所选层的上面。新添加的层将成为活动层。

● 要创建层，请执行以下操作之一：
　➢ 单击时间轴底部的"插入图层"按钮 📄。
　➢ 选择"插入"→"时间轴"→"图层"，如图 2-55 所示。
　➢ 右击时间轴中的一个层名，然后从快捷菜单中选择"插入图层"，如图 2-56 所示。

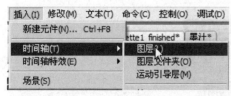

图 2-55　选择"图层"命令

图 2-56　右键选择"插入图层"

● 要创建图层文件夹，请执行以下操作之一：
　➢ 单击时间轴底部的"插入文件夹"按钮 📁。

1 chapter
2 chapter
3 chapter
4 chapter
5 chapter
6 chapter
7 chapter
1 module
2 module
3 module
4 module

> ➤ 在时间轴中选择一个层或文件夹，然后选择"插入"→"时间轴"→"图层文件夹"，如图 2-57 所示。
> ➤ 右击时间轴中的一个层名，然后从快捷菜单中选择"插入文件夹"，如图 2-58 所示。

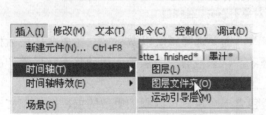

图 2-57　选择"图层文件夹"　　　　图 2-58　右击选择"插入文件夹"

新文件夹将出现在所选层或文件夹的上面。

2.4.2　查看层和层文件夹

在工作过程中，可能需要显示或隐藏层或文件夹。层或文件夹名称旁边的红色 X 表示它处于隐藏状态。在发布 Flash SWF 文件时，FLA 文档中的任何隐藏层都会保留，并可在 SWF 文件中看到。

为了帮助区分对象所属的层，可以用彩色轮廓显示层上的所有对象，可以更改每个层使用的轮廓颜色。

可以更改时间轴中层的高度，从而在时间轴中显示更多的信息（例如声音波形），还可以更改时间轴中显示的层数。

- 要显示或隐藏层或文件夹，请执行以下操作之一：
  > ➤ 单击时间轴中层或文件夹名称右侧的"眼睛"列，可以隐藏该层或文件夹。再次单击可以显示该层或文件夹，如图 2-59 所示。

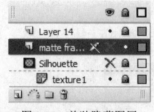

图 2-59　单独隐藏图层

> ➤ 单击眼睛图标可以隐藏所有的层和文件夹，再次单击它可以显示所有的层和文件夹，如图 2-60 所示。

图 2-60　隐藏所有图层

> 在“眼睛”列中拖动可以显示或隐藏多个层或文件夹。

> 按住 Alt 键单击层或文件夹名称右侧的“眼睛”列可以隐藏所有其他的层和文件夹。再次按住 Alt 键单击可以显示所有的层和文件夹。

● 要用轮廓查看层上的内容，请执行以下操作之一：

> 单击层名称右侧的“轮廓”列可以将该层上的所有对象显示为轮廓。再次单击它可以关闭轮廓显示，如图 2-61 所示。

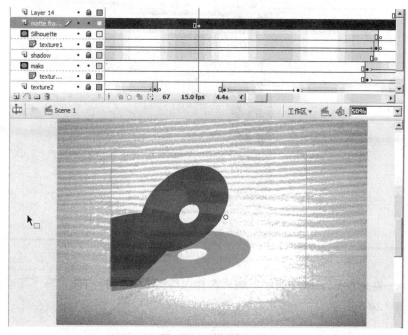

图 2-61　关闭轮廓

> 单击■轮廓图标可以用轮廓显示所有层上的对象。再次单击它可以关闭所有层上的轮廓显示，如图 2-62 所示。

> 按住 Alt 键单击层名称右侧的“轮廓”列可以将所有其他层上的对象显示为轮廓。再次按住 Alt 键单击它可以关闭所有层的轮廓显示。

● 要更改层的轮廓颜色：

> 执行以下操作之一：

　◆ 双击时间轴中层的图标（即层名称左侧的图标），如图 2-63 所示。

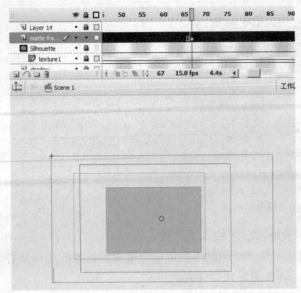

图 2-62 以轮廓显示

图 2-63 轮廓颜色

◆ 右击该层名称，然后从快捷菜单中选择"属性"，如图 2-64 所示。

图 2-64 图层属性

◆ 在时间轴中选择该层，然后选择"修改"→"时间轴"→"图层属性"，如图 2-65 所示。

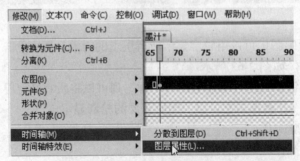

图 2-65 选择"图层属性"

◆ 在"图层属性"对话框中，单击"轮廓颜色"框，选择新的颜色、输入颜色的十六进制值或单击"颜色选择器"按钮然后选择一种颜色，如图 2-66 所示。

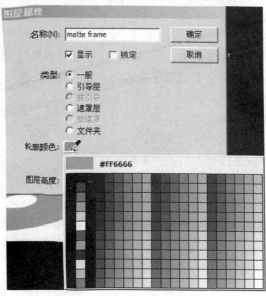

图 2-66　"图层属性"对话框

◆ 单击"确定"按钮。
● 更改时间轴中的层高度：
➢ 执行以下操作之一：
◆ 双击时间轴中层的图标（即层名称左侧的图标）。
◆ 右击该层名称，然后从快捷菜单中选择"属性"。
◆ 在时间轴中选择该层，然后选择"修改"→"时间轴"→"图层属性"。
➢ 在"图层属性"对话框中，选择一个"图层高度"选项，然后单击"确定"按钮，如图 2-67 所示。

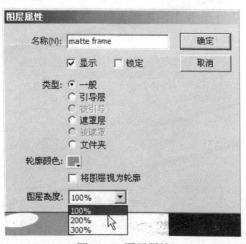

图 2-67　图层属性

● 更改时间轴中显示的层数：
➢ 拖动舞台和时间轴的分隔栏，如图 2-68 所示。

1 chapter
2 chapter
3 chapter
4 chapter
5 chapter
6 chapter
7 chapter
1 module
2 module
3 module
4 module

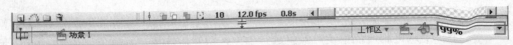

图 2-68　拖动舞台和时间轴分隔栏

2.4.3　编辑层和层文件夹

可以重命名、复制、删除层和文件夹，还可以锁定层和文件夹，以防止对它们进行编辑。

默认情况下，新层是按照创建它们的顺序命名的：第 1 层、第 2 层，依此类推。可以重命名层以更好地反映它们的内容。

- 要选择层或文件夹，请执行以下操作之一：
  - ➤ 单击时间轴中层或文件夹的名称。
  - ➤ 在时间轴中单击要选择的层的一个帧。
  - ➤ 在舞台中选择要选择的层上的一个对象。
- 要选择两个或多个层或文件夹，请执行以下一个操作：
  - ➤ 要选择连续的几个层或文件夹，请按住 Shift 键在时间轴中单击它们的名称。
  - ➤ 要选择几个不连续的层或文件夹，请按住 Ctrl 键单击时间轴中它们的名称。
- 要重命名层或文件夹，请执行以下操作之一：
  - ➤ 双击层或文件夹的名称，然后输入新名称，如图 2-69 所示。

图 2-69　重命名图层文件夹和图层

  - ➤ 右击层或文件夹的名称，然后从快捷菜单中选择"属性"。在"名称"文本框中输入新名称，然后单击"确定"按钮。
  - ➤ 在时间轴中选择该层或文件夹，然后选择"修改"→"时间轴"→"图层属性"。在"图层属性"对话框中，在"名称"文本框中输入新名称，然后单击"确定"按钮，如图 2-70 所示。

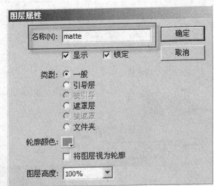

图 2-70　文件重命名

- 要锁定或解锁一个或多个层或文件夹，请执行以下操作之一：
  - ➤ 单击层或文件夹名称右侧的"锁定"列可以锁定它，再次单击"锁定"列可以解锁该层或文件夹，如图 2-71 所示。

➢ 单击⬛锁定图标可以锁定所有的层和文件夹，再次单击它可以解锁所有的层和文件夹，如图 2-72 所示。

图 2-71 锁定单独图层

图 2-72 锁定所有图层

➢ 在"锁定"列中拖动可以锁定或解锁多个层或文件夹。

➢ 按住 Alt 键单击层或文件夹名称右侧的"锁定"列，可以锁定所有其他的层或文件夹。再次按住 Alt 键单击"锁定"列可以解锁所有的层或文件夹。

● 拷贝层：

➢ 单击层名称可以选择整个层。

➢ 选择"编辑"→"时间轴"→"复制帧"。

➢ 单击⬛"添加图层"按钮可以创建新层。

➢ 单击该新层，然后选择"编辑"→"时间轴"→"粘贴帧"。

● 拷贝层文件夹的内容：

➢ 如果需要，单击文件夹名称左侧的▷三角形可以折叠它。

➢ 单击文件夹名称可以选择整个文件夹。

➢ 选择"编辑"→"时间轴"→"复制帧"。

➢ 选择"插入"→"时间轴"→"图层文件夹"以创建新文件夹。

➢ 单击该新文件夹，然后选择"编辑"→"时间轴"→"粘贴帧"。

● 删除层或文件夹：

➢ 选择该层或文件夹。

➢ 执行以下操作之一：

◆ 单击时间轴中的⬛"删除图层"按钮。

◆ 将层或文件夹拖到⬛"删除图层"按钮，如图 2-73 所示。

◆ 右击该层或文件夹的名称，然后从快捷菜单中选择"删除图层"，如图 2-74 所示。

图 2-73 "删除图层"按钮

图 2-74 右键菜单"删除图层"

1
chapter

2
chapter

3
chapter

4
chapter

5
chapter

6
chapter

7
chapter

1
module

2
module

3
module

4
module

注意： 删除层文件夹之后，所有包含的层及其内容都会删除。

2.4.4　组织层和文件夹

可以在时间轴中重新安排层和文件夹，从而组织文档。文件夹可以将层放在一个树型结构中，这样有助于组织工作流。可以扩展或折叠文件夹来查看该文件夹包含的层，而不会影响在舞台中是否能看见这些层。文件夹中可以包含层，也可以包含其他文件夹，这使得组织层的方式很像组织计算机中的文件的方式。

时间轴中的层控制将影响文件夹中的所有层。例如，锁定一个图层文件夹将锁定该文件夹中的所有层。

- 将层或层文件夹移动到层文件中：
  - ➢ 将该层或层文件夹名称拖到目标层文件夹名称中，如图 2-75 所示。
  - ➢ 该层或层文件夹将出现在时间轴中的目标层文件夹中，如图 2-76 所示。

图 2-75　移至"图层文件夹" 　　　　　　　图 2-76　在"图层文件夹"中显示

- 更改层或层文件夹的顺序：
  - ➢ 将时间轴中的一个或多个层或层文件夹拖到所需的位置，如图 2-77 所示。

图 2-77　移至"图层文件夹"

- 展开或折叠文件夹：
  - ➢ 单击文件夹名称左侧的 ▷ 三角形。
- 展开或折叠所有文件夹：
  - ➢ 右击图层，然后从快捷菜单中选择"展开所有文件夹"或"折叠所有文件夹"。

2.4.5　引导层

为了在绘画时帮助对齐对象，可以创建引导层，然后可以将其他层上的对象与在引导层上创建的对象对齐。引导层不出现在发布的 SWF 文件中。可以将任何层用作引导层。引导层是用层名称左侧的辅助线图标表示的。

还可以创建运动引导层，用来控制运动补间动画中对象的移动情况。这个我们会在后面的内容中详细的讲述。

注意：将一个常规层拖到引导层上就会将该引导层转换为运动引导层。为了防止意外转换引导层，可以将所有的引导层放在层顺序的底部。

- 将层指定为引导层：
  - ➢ 选择该层，然后右击，然后从快捷菜单中选择"引导层"。再次选择"引导层"，可以将该层改回常规层，如图 2-78 所示。

图 2-78　右键选择"引导层"

2.5　Flash 元件

2.5.1　元件概述

元件是在 Flash 中创建的图形、按钮或影片剪辑。元件只需创建一次，然后即可在整个文档或其他文档中重复使用。元件可以包含从其他应用程序中导入的插图。创建的任何元件都会自动成为当前文档的库的一部分。

每个元件都有自己的时间轴。可以将帧、关键帧和层添加至元件时间轴，就像可以将它们添加至主时间轴一样。如果元件是影片剪辑或按钮，则可以使用动作脚本控制元件。

在文档中使用元件可以显著减小文件的大小。保存一个元件的几个实例比保存该元件内容的多个副本占用的存储空间小。例如，通过将诸如背景图像这样的静态图形转换为元件然后重新使用它们，可以减小文档的文件大小。使用元件还可以加快 SWF 文件的回放速度，因为一个元件只需下载到 Flash Player 中一次。

2.5.2　元件的类型

每个元件都有一个唯一的时间轴和舞台，以及几个层。创建元件时要选择元件类型，这取决于在文档中如何使用该元件。

- 图形元件：可用于静态图像，并可用来创建连接到主时间轴的可重用动画片段。图形元件与主时间轴同步运行。交互式控件和声音在图形元件的动画序列中不起作用。
- 使用按钮元件：可以创建响应鼠标点击、滑过或其他动作的交互式按钮。可以定义与各种按钮状态关联的图形，然后将动作指定给按钮实例。
- 使用影片剪辑元件：可以创建可重用的动画片段。影片剪辑拥有它们自己的独立于主时间轴的多帧时间轴。可以将影片剪辑看作是主时间轴内的嵌套时间轴，它们可以包含交互式控件、声音甚至其他影片剪辑实例。也可以将影片剪辑实例放在按钮元件的时间

1
chapter

2
chapter

3
chapter

4
chapter

5
chapter

6
chapter

7
chapter

1
module

2
module

3
module

4
module

轴内，以创建动画按钮。

- T 使用字体元件：可以导出字体并在其他 Flash 文档中使用它。
- 🖥 使用视频元件：可以导入外部视频并在 Flash 文档中使用它。

注意：要在 Flash 创作环境中预览各个影片剪辑元件的交互性和动画，必须选择"控制"→"启用动态预览"，如图 2-79 所示。

控制(O)	调试(D)	窗口(W)	帮助(H)
播放(P)			Enter
后退(R)			Ctrl+Alt+R
转到结尾(G)			
前进一帧(F)			
后退一帧(B)			
测试影片(M)			Ctrl+Enter
测试场景(S)			Ctrl+Alt+Enter
测试项目(J)			Ctrl+Alt+P
删除 ASO 文件(A)			
删除 ASO 文件和测试影片(T)			
循环播放(L)			
播放所有场景(A)			
启用简单帧动作(I)			Ctrl+Alt+F
启用简单按钮(T)			Ctrl+Alt+B
✓ 启用动态预览(W)			
静音(N)			Ctrl+Alt+M

图 2-79　启用动态预览

2.5.3　创建和编辑图形元件

图形元件适用于静态图像的重复使用，或创建与主时间轴关联的动画。与影片剪辑或按钮元件不同，不能为图形元件提供实例名称，也不能在动作脚本中引用图形元件。

1. 选择舞台上的头像图形并将它转换为图形元件。

- 在工具栏中，单击"选择" 🔾 工具。
- 在舞台上，在图像周围拖动，将其选中，如图 2-80 所示。

图 2-80　选中图像

● 选择"修改"→"转换为元件",或按 F8 键,如图 2-81 所示。

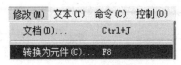

图 2-81　选择"转换为元件"

● 在"转换为元件"对话框中,输入"头像" 作为名称并选择"图形"类型,如图 2-82 所示。

图 2-82　"转换为元件"对话框

● 注册网格使用黑色的小正方形来指示注册点位于元件限制框内的什么位置。注册点是元件旋转时所围绕的轴,也是元件对齐时所沿的点。单击网格中的左上正方形选择注册点位置,然后单击"确定"按钮,如图 2-83、图 2-84 所示。

图 2-83　注册点

图 2-84　在元件中显示的注册点

● 舞台上的头像现在是头像元件的实例。属性面板中会显示图形元件实例的属性,如图 2-85 所示。

1
chapter

2
chapter

3
chapter

4
chapter

5
chapter

6
chapter

7
chapter

1
module

2
module

3
module

4
module

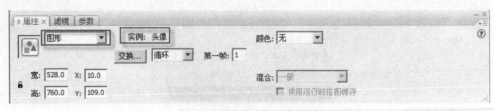

图 2-83　图形元件"实例"

- 打开"库"面板（选择"窗口"→"库"）查看元件，如图 2-86 所示。

图 2-86　"库"面板

将在"库"面板中找到"头像"元件。Flash 将元件存储在库中。每个文档都有它自己的库，并且可以在不同的 FLA 文件之间共享库。

2．复制和修改图形元件的实例

创建元件后，可以在文档中重复使用它的实例。可以修改单个实例的以下属性，而不会影响其他实例或原始元件：颜色、缩放比例、旋转、Alpha 透明度、亮度、色调、高度、宽度和位置。如果编辑元件，则该实例除了获得元件编辑效果外，还保留它修改后的属性。

实例操作：复制并编辑元件

案例要点：

通过复制元件的实例并编辑，了解元件和实例的关系。

操作步骤：

具体操作过程如下：

步骤 1： 在舞台上，选择头像。按 Alt 键并用鼠标左键点住头像将头像向右拖动以创建另一个实例，如图 2-87 所示。

图 2-87　创建实例

步骤 2：保持副本处于选中状态，从属性面板的"颜色"下拉列表框中选择"色调"，如图 2-88 所示。

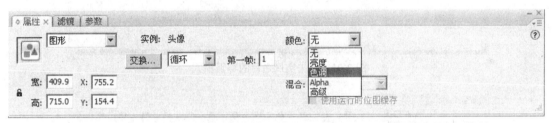

图 2-88　属性颜色选择"色调"

步骤 3：在 RGB 区域中，在"红色"弹出菜单中输入 0，在"绿色"弹出菜单中输入 0，在"蓝色"弹出菜单中输入 255，然后按 Enter 键。复制的实例变为蓝色，但原始实例保持不变，如图 2-89、图 2-90 所示。

图 2-89　设置 RGB 值　　　　　　　　图 2-90　改变颜色

3. 修改图形元件

通过双击元件的任何实例可以进入元件编辑模式。在元件编辑模式下进行的更改会影响该元件的所有实例。

（1）执行以下其中一项操作可以进入元件编辑模式：

在舞台上，双击头像实例之一，同时你会看到另一个头像的存在，但是不能对另一个头像进行编辑，只能对双击后的头像进行编辑，如图 2-91 所示。

在"库"面板中，双击 "头像"元件（名字左边的小图标），如图 2-92 所示。

1
chapter

2
chapter

3
chapter

4
chapter

5
chapter

6
chapter

7
chapter

1
module

2
module

3
module

4
module

1
chapter

2
chapter

3
chapter

4
chapter

5
chapter

6
chapter

7
chapter

1
module

2
module

3
module

4
module

图 2-91　双击实例之后的编辑模式

图 2-92　双击库元件之后的编辑模式

　　元件的名称会出现在场景 1 的旁边、工作区的顶部，这表明处于指定元件的元件编辑模式下，如图 2-93 所示。

图 2-93　头像元件模式

　　（2）在工具栏中，选择"任意变形"工具，并在最上面的头像周围拖动以选择整个头像，如图 2-94 所示。

图 2-94　任意变形

（3）将"任意变形"工具[图]的中间右侧的大小调整控制块稍稍向右拖动以伸展该元件，如图 2-95 所示。

在元件编辑模式下，该头像为图形，可以在元件内像对其他任何矢量图形一样对它进行操作。

图 2-95　矢量图形

（4）单击时间轴上面的"场景 1"，退出元件编辑模式。元件的两个实例均反映此变形，如图 2-96、图 2-97 所示。

图 2-96　回到场景模式

2.5.4　创建和编辑影片剪辑元件

影片剪辑元件在许多方面都类似于文档内的文档。此元件类型自己有不依赖主时间轴的时间轴。可以在其他影片剪辑和按钮内添加影片剪辑以创建嵌套的影片剪辑，还可以使用属性面板为

1 chapter

2 chapter

3 chapter

4 chapter

5 chapter

6 chapter

7 chapter

1 module

2 module

3 module

4 module

影片剪辑的实例分配实例名称，然后在动作脚本中引用该实例名称。

图 2-97　场景 1 中元件显示色调

实例操作：创建具有特效的影片剪辑元件

案例要点：

创建影片剪辑元件的实例，并添加特效。

操作步骤：

具体操作过程如下：

步骤 1：使用选择工具 ，单击舞台上的转轮，将其选中，然后选择"修改"→"转换为元件"，或按 F8 键。

步骤 2：在"转换为元件"对话框中，输入"剪纸"作为名称，并选择"影片剪辑"类型。

步骤 3：在"注册"网格中选择中心正方形作为注册点，因此影片剪辑的中心成为元件绕其旋转的轴，然后单击"确定"按钮，如图 2-98 所示。舞台上的图像现在是库中"剪纸"元件的实例。

图 2-98　注册点

步骤 4：为了在动作脚本中引用实例，并且作为一种好习惯，应始终为按钮和影片剪辑元件分配实例名称。不能为图形元件分配实例名称。在属性面板中，保持"剪纸"的实例在舞台上处于选定状态，在"实例名称"文本框中输入"剪纸"，如图 2-99、图 2-100 所示。

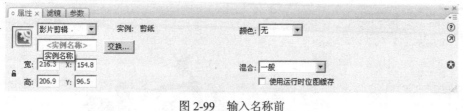

图 2-99　输入名称前

图 2-100　输入名称后

步骤 5：选择"时间轴特效"→"变形/转换"→"变形"，如图 2-101 所示。

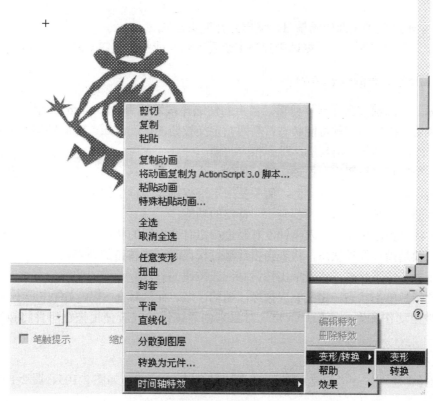

图 2-101　菜单

　　步骤 6：在"变形"对话框中的"效果持续时间"文本框中输入 60，以指定该特效跨时间轴中 60 帧，如图 2-102 所示。

　　步骤 7：在"旋转度数"文本框中输入 360，并确认"旋转次数"文本框中填入的是 1。

　　步骤 8：单击"更新预览"按钮来查看特效的预览，然后单击"确定"按钮。特效跨越影片剪辑时间轴中的 60 帧。

1 chapter
2 chapter
3 chapter
4 chapter
5 chapter
6 chapter
7 chapter
1 module
2 module
3 module
4 module

1
chapter

2
chapter

3
chapter

4
chapter

5
chapter

6
chapter

7
chapter

1
module

2
module

3
module

4
module

图 2-102   相关参数

步骤 9：单击时间轴上面的场景 1，退出元件编辑模式。

步骤 10：选择"控制"→"测试影片"来查看动画，或按快捷键 Ctrl+Enter 测试动画。

2.5.5   创建和编辑按钮元件

按钮实际上是四帧的交互影片剪辑。当为元件选择按钮行为时，Flash 会创建一个四帧的时间轴。前三帧显示按钮的三种可能状态；第四帧定义按钮的活动区域。时间轴实际上并不播放，它只是对指针运动和动作做出反应，跳到相应的帧。

要制作一个交互式按钮，可把该按钮元件的一个实例放在舞台上，然后给该实例指定动作。必须将动作指定给文档中按钮的实例，而不是指定给按钮时间轴中的帧。

按钮元件的时间轴上的每一帧都有一个特定的功能：

● 第一帧是弹起状态，代表指针没有经过按钮时该按钮的状态。

● 第二帧是指针经过状态，代表当指针滑过按钮时，该按钮的外观。

● 第三帧是按下状态，代表单击按钮时，该按钮的外观。

● 第四帧是单击状态，定义响应鼠标活动的区域。此区域在 SWF 文件中是不可见的。

也可以使用动作脚本的"影片剪辑"对象来创建按钮，或者使用按钮组件将按钮添加到文档中。

1. 创建按钮

（1）选择"插入"→"新建元件"，或者按组合键 Ctrl+F8，如图 2-103、图 2-104 所示。

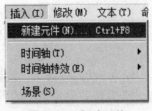

图 2-103   新建元件

图 2-104　命名元件名称

1
chapter

2
chapter

3
chapter

4
chapter

5
chapter

6
chapter

7
chapter

1
module

2
module

3
module

4
module

（2）在"创建新元件"对话框中，输入新按钮元件的名称，选择"按钮"类型。Flash 会切换到元件编辑模式。时间轴的标题会变为显示四个标签，分别为"弹起"、"指针经过"、"按下"和"单击"的连续帧。第一帧（"弹起"）是一个空白关键帧，如图 2-105 所示。

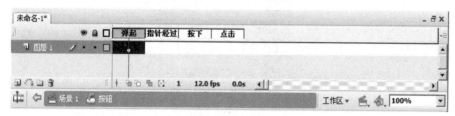

图 2-105　按钮编辑模式

（3）要创建弹起状态的按钮图像，可以使用绘画工具、导入一幅图形或者在舞台上放置另一个元件的实例。可以在按钮中使用图形或影片剪辑元件，但不能在按钮中使用另一个按钮。如果要把按钮制作成动画按钮，可使用影片剪辑元件，如图 2-106 所示。

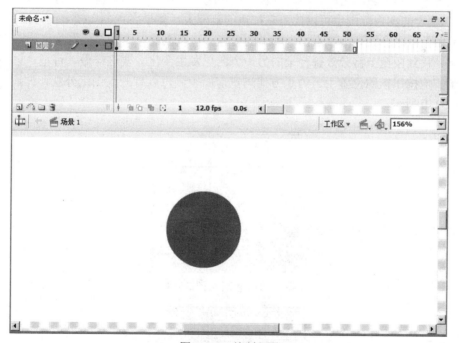

图 2-106　绘制正圆

（4）单击"指针经过"帧，然后右击，在快捷菜单中选择"插入关键帧"，Flash 会插入复制了"弹起"帧内容的关键帧。你也可以在快捷菜单中选择"插入空白关键帧"，然后使用其他图形或影片剪辑元件，如图 2-107 所示。

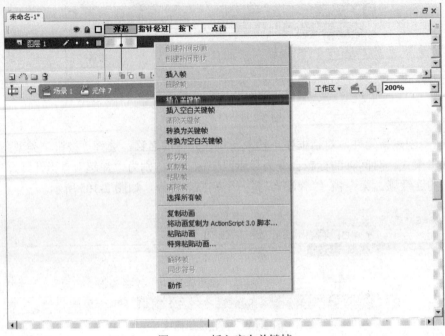

图 2-107　插入空白关键帧

（5）重复步骤（4）创建"按下"帧和"单击"帧。"单击"帧在舞台上不可见，所以使用任何颜色或任何形状都是看不到的，但它定义了单击按钮时该按钮的响应区域即热区。确保"单击"帧的图形是一个实心区域，它的大小足以包含"弹起"、"按下"和"指针经过"帧的所有图形元素。"点击"帧上的图像范围也可以比可见按钮的范围大。如果"点击"帧上没有图像范围，"弹起"状态的图像范围会默认为"点击"帧上的内容。可以创建一个脱节的图像变换，在该图像变换中，将指针移到按钮上将导致舞台上的另一个图形发生变化。要这样做，可把"单击"帧放在一个不同于其他按钮帧的位置上。为了方便浏览前面帧，可以打开绘图纸外观，如图 2-108、图2-109、图 2-110 所示。

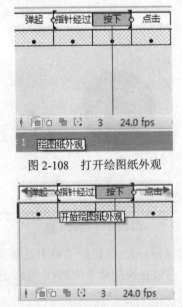

图 2-108　打开绘图纸外观

图 2-109　可用鼠标拖动左边的"开始绘图纸外观"和右边的"结束绘图纸外观"

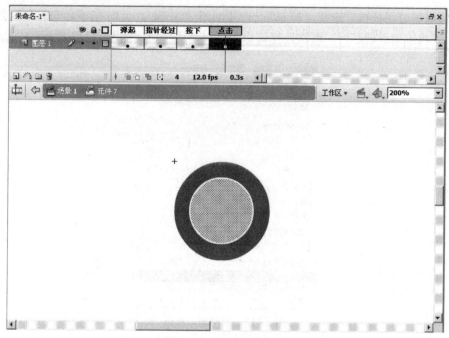

图 2-110　创建响应区域

（6）要为按钮状态指定声音，请在时间轴选择该状态帧，选择"窗口"→"属性"，然后从"属性"面板的"声音"下拉列表框中选择一种声音。然后你会在该状态帧中看到多了一个波形，如图 2-111、图 2-112 所示。

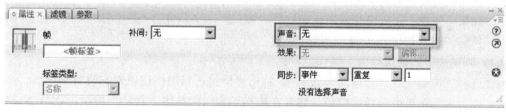

图 2-111　属性"声音"

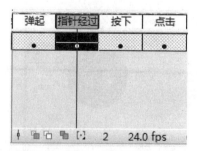

图 2-112　添加"指针经过"声音

2. 启用、编辑和测试按钮

默认情况下，Flash 在创建按钮时会将它们保持在禁用状态，从而可以更容易选择和处理按钮。当按钮处于禁用状态时，单击该按钮就可以选择它。当按钮处于启用状态时，它就会响应已指定的鼠标事件，就如同 SWF 文件在播放时一样。但是，仍然可以选择已启用的按钮。通常，工作时候最好禁用按钮，启用按钮只是为了快速测试它们的行为。

1 chapter

2 chapter

3 chapter

4 chapter

5 chapter

6 chapter

7 chapter

1 module

2 module

3 module

4 module

1
chapter

2
chapter

3
chapter

4
chapter

5
chapter

6
chapter

7
chapter

1
module

2
module

3
module

4
module

（1）启用和禁用按钮。选择"控制"→"启用简单按钮"。此时在该命令的旁边会出现一个打勾标记，表明按钮已被启用。再次选择该命令可以禁用按钮，如图 2-113 所示。

图 2-113　启用简单按钮

舞台上的任何按钮现在都会做出反应。当指针滑过按钮时，Flash 会显示"指针经过"帧；当单击按钮的活动区域时，Flash 会显示"按下"帧。

（2）选择已启用按钮。使用选取工具围绕按钮拖出一个矩形选择区域。

（3）移动或编辑已启用按钮。选择按钮，执行以下一项操作：

● 使用键盘上的方向键移动按钮。

● 如果"属性"面板没有显示，请选择"窗口"→"属性"，就可在"属性"面板中编辑该按钮，或者按住 Alt 键双击该按钮。

（4）测试按钮，请执行以下操作之一：

● 选择"控制"→"启用简单按钮"。将指针滑过已启用按钮以对它进行测试。

● 在"库"面板中选择该按钮，然后在库预览窗口内单击"播放"按钮，如图 2-114 所示。

图 2-114　元件库

● 选择"控制"→"测试场景"或"控制"→"测试影片",或按快捷键 Ctrl+Enter 进行影片测试,如图 2-115 所示。

控制(D)	调试(D)	窗口(W)	帮助(H)	
播放(P)			Enter	
后退(R)			Ctrl+Alt+R	
转到结尾(G)				
前进一帧(F)			.	
后退一帧(B)			,	
测试影片(M)			Ctrl+Enter	
测试场景(S)			Ctrl+Alt+Enter	
测试项目(J)			Ctrl+Alt+P	

图 2-115　选择"测试影片"

在 Flash 创作环境中,按钮内的影片剪辑是看不到的。

实例操作:炫丽按钮

案例要点:

此练习使用了元件的三种类型,通过综合使用掌握它们的不同属性,制作一个特殊按钮。

操作步骤:

我们接下来要制作一个特殊的按钮,该按钮涵盖了图形元件、影片剪辑元件的补间动画、两个或多个按钮嵌套的按钮,先看最终效果,如图 2-116 所示。

具体操作过程如下:

步骤 1:先制作第一个按钮"弹起"帧的效果。新建元件,元件类型选择"按钮",起名为"btn",如图 2-117 所示。

图 2-116　效果图

图 2-117　按钮元件

步骤 2:制作中间弹起的图形元件。新建 3 个图形元件,两个圆和中间的"email"文字,创建好以后,再在按钮"弹起"帧上把这 3 个图形元件拖放进来,如图 2-118 所示。

步骤 3:用椭圆工具按同样的方法绘制"指针经过"时的图形元件,如图 2-119 所示。

步骤 4:制作"按下"帧上的图形元件,框选中上一帧"指针经过"处的图形元件,单击右键复制,如图 2-120 所示。

1
chapter

2
chapter

3
chapter

4
chapter

5
chapter

6
chapter

7
chapter

1
module

2
module

3
module

4
module

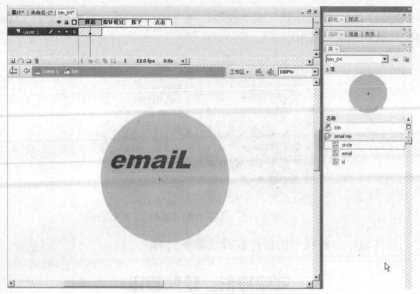

图 2-118　在"弹起"帧绘制图形

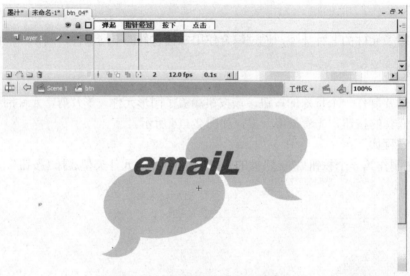

图 2-119　在"指针经过帧"绘制图形

图 2-120　复制

步骤 5：在"按下"帧插入空白关键帧，在工作区中右击选择"粘贴到当前位置"，如图 2-121 所示。

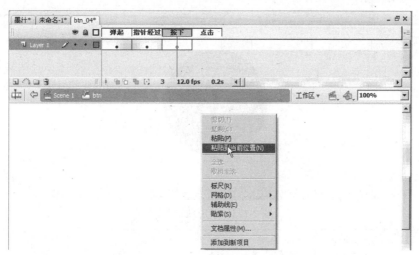

图 2-121　选择"粘贴到当前位置"

步骤 6：将粘贴好的图形组缩小，并将其转换成图形元件，在"属性"面板中把颜色设置为"高级"，单击"设置"按钮，在"高级效果"对话框里对 RGB 值进行调节，使其颜色发生变化，如图 2-122 所示。

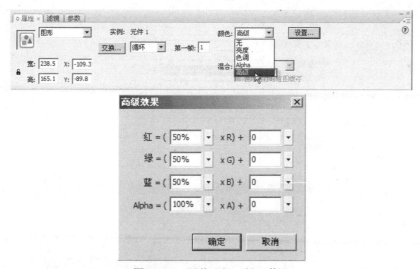

图 2-122　调节"红、绿、蓝"

步骤 7：在"单击"帧插入空白关键帧，用椭圆工具绘制一个正圆，如图 2-123 所示。

步骤 8：接下来制作第二个按钮。新建按钮，命名为"tracing"。在弹起时不显示内容，所以在弹起处插入空白关键帧；指针经过处显示效果，在指针经过处插入空白关键帧，如图 2-124 所示。

步骤 9：新建图形元件"dots"。绘制圆，把填充颜色设置为不显示，选择一个边框颜色，打开属性面板，调节边框宽度，并把线条模式选择点状，如图 2-125 所示。

步骤 10：在舞台中按住 Shift 键画正圆，如图 2-126 所示。

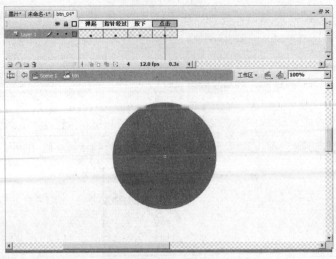

图 2-123 单击帧绘制圆

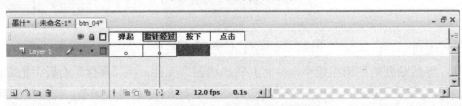

图 2-124 前两帧为空白关键帧

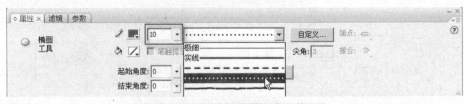

图 2-125 笔触选择"点"状

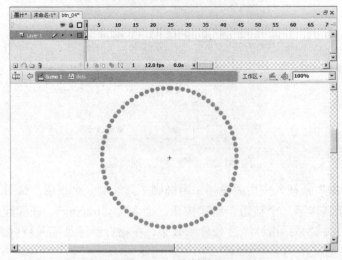

图 2-126 绘制圆形

步骤 11：将图形元件选中并转换为元件，选择影片剪辑类型，并命名为"mv: dots tweening。双击 mv: dots tweening 给它设置动画，第 1 帧为空白关键帧，第 2 帧处插入关键帧，第 6 帧处插入关键帧，第 11 帧处插入关键帧，分别给它们创建补间动画，如图 2-127 所示。

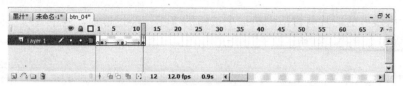

图 2-127　制作补间动画

步骤 12：选中第 6 帧，再选中元件，打开属性面板对其颜色进行设置，如图 2-128 所示。

1
chapter

2
chapter

3
chapter

4
chapter

5
chapter

6
chapter

7
chapter

1
module

2
module

3
module

4
module

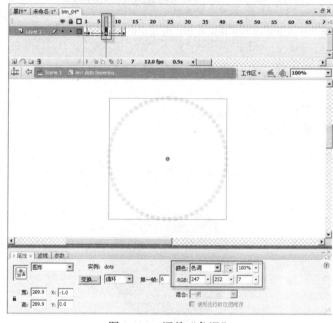

图 2-128　调整"色调"

步骤 13：再将图形元件"dots"第二次转换成影片剪辑，命名为"mv: dots tweening 2"，依照上面的制作进行设置，如图 2-129 所示。

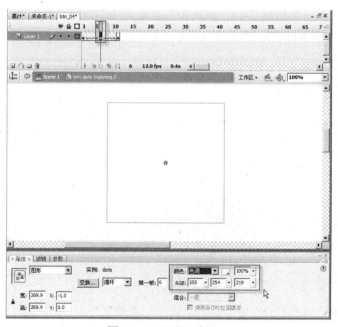

图 2-129　调整"色调"

1
chapter

2
chapter

3
chapter

4
chapter

5
chapter

6
chapter

7
chapter

1
module

2
module

3
module

4
module

步骤 14：将做好的影片剪辑拖到第二个按钮的"指针经过"帧，两个大小要有区分。在"按下"帧处插入帧，如图 2-130 所示。

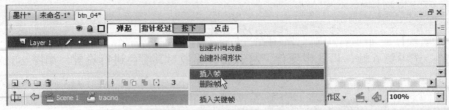

图 2-130　在"按下"帧"插入帧"

步骤 15：在"点击"帧插入空白关键帧，然后选择椭圆工具画正圆，如图 2-131 所示。

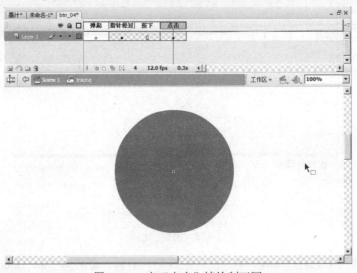

图 2-131　在"点击"帧绘制正圆

步骤 16：回到场景，把按钮"btn"拖进来，新建图层把按钮"tracing"拖放进来，分别把图层名称重命名，如图 2-132 所示。

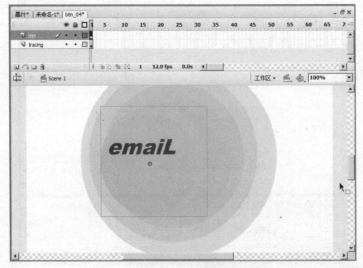

图 2-132　新建图层

步骤 17：选择按钮元件"tracing"并复制，将复制出的元件实例用任意变形工具按住 Shift 键放大，并将其移至下层，如图 2-133 所示。

图 2-133　右键选择"下移一层"

步骤 18：多复制几个，按上面同样的方法进行操作，完成，测试影片观看效果。

2.6　Flash 库资源管理

选择"库"面板中的项目时，"库"面板的顶部会出现该项目的缩略图预览。如果选定项目是动画或者声音文件，则可以使用库预览窗口或"控制器"中的"播放"按钮预览该项目。可以在库中使用文件夹来组织库项目，如图 2-134 所示。

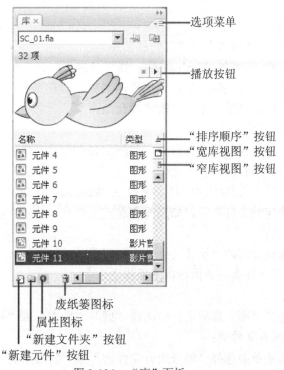

图 2-134　"库"面板

Flash 文档中的库存储了在 Flash 文档中使用而创建或导入的媒体资源。库存储导入的文件（如视频剪辑、声音剪辑、位图）和导入的矢量插图以及元件。

"库"面板显示一个滚动列表，其中包含库中所有项目的名称，使用用户可以在工作时查看和组织这些元素。"库"面板中元件名称旁边的图标指示该元件的文件类型。"库"面板有一个选项菜单，其中包含用于管理库元件的命令。

在 Flash 中工作时，可以打开任意 Flash 文档的库，将该文档的库元件用于当前文档。

可以在 Flash 应用程序中创建永久的库，只要启动 Flash 就可以使用这些库。Flash 还带有几个范例库，其中包含按钮、图形、影片剪辑和声音，可以将它们添加到自己的 Flash 文档中。Flash 范例库和创建的永久库都列在"窗口"→"公用库"子菜单下。

库的操作

1. 显示"库"面板

（1）选择"窗口"→"库"。

（2）调整"库"面板的大小，请执行以下操作之一：

● 拖动面板的右下角。

● 单击"宽库视图"按钮□放大"库"面板以使它显示所有
列。

● 单击"窄库视图"按钮□缩小"库"面板的宽度。

（3）将指针放在列标题之间并拖动以调整大小，但不能更改
列的顺序，如图 2-135 所示。

2. 使用"库"选项菜单

● 单击"库"面板标题栏中的"选项"按钮≣以查看选项菜
单。

3. 打开另一 Flash 文件中的库

（1）选择"文件"→"导入"→"打开外部库"。

图 2-135　调整名称显示大小

（2）定位到想打开它的库的 Flash 文件，然后单击"打开"按钮。选定文件的库会在当前文档中打开，同时"库"面板顶部会显示该文件的名称。要在当前文档内使用选定文件的库中的元件，可将元件拖到当前文档的"库"面板或舞台上。

4. 在当前文档中使用库元件

● 将元件从"库"面板拖动到舞台上，如图 2-136 所示。该元件就会添加到当前层上。

5. 处理"库"面板中的文件夹

使用文件夹组织"库"面板中的项目，就像在 Windows 资源管理器中一样。当创建一个新元件时，它会存储在选定的文件夹中。如果没有选定文件夹，该元件就会存储在库的根目录下。

（1）创建新文件夹：

● 单击"库"面板底部的"新建文件夹"按钮🗀。

（2）要打开或关闭文件夹，请执行以下操作之一：

● 双击文件夹。

● 选择文件夹并从"库"选项菜单中选择"展开文件夹"或"折叠文件夹"。

（3）打开或关闭所有文件夹：

● 从"库"选项菜单中选择"展开所有文件夹"或"折叠所有文件夹"。

（4）在文件夹之间移动项目：

● 将项目从一个文件夹拖动到另一个文件夹。如果新位置中存在同名项目，Flash 会提示
是否要替换正在移动的项目。

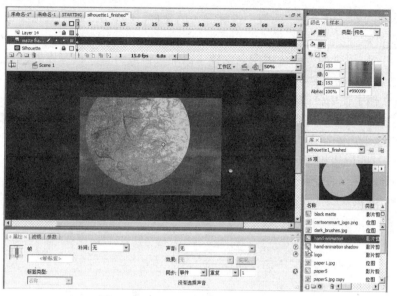

图 2-136　从"库"面板移至"舞台"

6. 对"库"面板中的项目进行排序

"库"面板的各列列出了项目名称、项目类型、项目在文件中使用的次数、项目的链接状态和标识符（如果该项目与共享库相关联或者被导出用于动作脚本），以及上次修改项目的日期。在"库"面板中各列按数字字母顺序对项目进行排序。对项目排序时可以同时查看彼此相关的项目，项目是在文件夹内排序的。

● 单击列标题可以根据该列进行排序。单击列标题右侧的 按钮可以倒转排序顺序。

7. 重命名库项目

可以重命名库中的项目。更改导入文件的库项目名称并不会更改该文件名。

● 要重命名一个库项目，请执行以下操作之一：

（1）双击该项目的名称，然后在文本框中输入新名称。

（2）选择项目并从"库"选项菜单中选择"重命名"，然后在文本框中输入新名称。

（3）右击该项目并从快捷菜单中选择"重命名"，然后在文本框中输入新名称。

8. 删除库项目

当从库中删除项目时，默认情况下，文档中该项目的所有实例或所有出现的该项目也会被删除。"库"面板中的"使用次数"列指示某个项目是否正在使用。

要删除库项目，选择项目，然后单击"库"面板底部的废纸篓图标 。

要更容易组织文档，可以找到未使用的库项目并将它们删除。

注意：无需通过删除未使用的库项目来缩小 Flash 文档文件的大小，因为未使用的库项目并不包括在 SWF 文件中。

9. 查找未使用的库项目

要查找未使用的库项目，请执行以下操作之一：

● 从"库"选项菜单中选择"选择未用项目"。

● 根据"立即更新使用次数"列对库项目进行排序。

10. 更新"库"面板中的导入文件

如果使用外部编辑器修改已导入 Flash 中的文件（如位图或声音文件），则可以在 Flash 中更新这些文件，而无需重新导入它们。也可以更新已经从外部 Flash 文档导入的元件。更新导入文件会以外部文件的内容替换其内容。

1
chapter

2
chapter

3
chapter

4
chapter

5
chapter

6
chapter

7
chapter

1
module

2
module

3
module

4
module

要更新导入的文件，从"库"面板中选择导入的文件，然后从"库"选项菜单中选择"更新"。

11. 处理公用库

可以使用 Flash 附带的范例公用库向文档中添加按钮或声音。也可以创建自己的公用库，然后将它们用于创建的任何文档。

（1）要在文档中使用公用库中的项目：

● 选择"窗口"→"其他面板"→"公用库"，然后从子菜单中选择一个库。

● 将项目从公用库拖入当前文档的库中。

（2）要为 Flash 应用程序创建公用库：

● 创建 Flash 源文件，该库中包含想包括在永久库中的元件。

● 将该 Flash 文件放在硬盘上 Flash 应用程序文件夹中的 Libraries 文件夹下，如图2-137 所示。

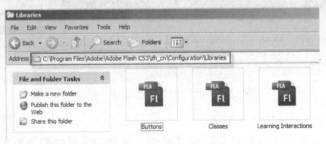

图 2-137　Libraries 文件夹

 本章小结

在本章中，我们学习了以下任务：

● Flash 基本工具的使用

● Flash 帧、关键帧

● Flash 时间轴的使用

● Flash 图层

● Flash 元件

● Flash 库资源管理与实例

通过本章的学习，我们对 Flash 有了深刻的认识，知道了它的工作原理，方法，同时我们还学会了创建和使用这些元件，最后我们还学会了使用库来管理元件。确保今后的项目有条不紊的进行。

 课后任务

任务内容一：

课后练习任务			
任务名称	自定	任务内容名称	勾线
制作时间	1 周	是否完成	
内容要求	1. 根据提供图片，进行勾线　2. 利用本章所讲工具（钢笔、直线工具）　3. 线条流畅准确，线粗为 2 像素，颜色黑色		
成绩评定	□不合格（<60 分）　　□合格（≥60 分）　　□良好（≥80 分）		

1
chapter

2
chapter

3
chapter

4
chapter

5
chapter

6
chapter

7
chapter

1
module

2
module

3
module

4
module

任务内容二：

课后练习任务			
任务名称	自定	任务内容名称	上色
制作时间	1 周	是否完成	
内容要求	1．根据提供图片，勾线并对角色进行上色　2．利用本章所讲工具（颜料桶、笔刷、吸管工具）　3．色调和谐美观		
成绩评定	□不合格（<60 分）　　□合格（≥60 分）　　□良好（≥80 分）		

第3章
Flash 文本处理、图像、声音文件的导入和应用

 本章导读

在 Flash 中，有些图像要有比较好的美术功底才能绘制出来，所以仅靠自己绘制图像是不够的。我们可以利用 Flash 的图像编辑功能，对导入的图片素材进行编辑。还可以对导入的声音进行编辑，如淡入淡出等。

本章将学习如何利用文本工具创建文字动画，如何导入图像和编辑图像，如何导入声音和编辑声音等，掌握最基本的图像和声音在 Flash 中的应用。

 本章要点

- 文本处理
- 图像文件的导入及应用
- 声音文件的导入及应用

3.1 文本处理概述

我们可以使用多种方式在 Flash 应用程序中加入文本。我们可以创建包含静态文本的文本块，即在创作文档时确定其内容和外观的文本。还可以创建动态或输入文本字段。动态文本字段显示动态更新的文本，如体育得分或股票报价等。输入文本字段允许用户为表单、调查表或其他目的输入文本。

就像影片剪辑实例一样，文本字段实例也是具有属性和方法的动作脚本对象。通过为文本字段指定实例名称，可以用动作脚本控制它。不过，与影片剪辑不同，不能在文本实例中编写动作脚本代码，因为它们没有时间轴。

可以水平设置文本方向，文本流向为从左到右，或者垂直设置文本方向（仅限静态文本），文本流向可以是从左到右，或从右到左。可以选择文本的下列属性：字体、磅值、样式、颜色、间距、字距调整、基线调整、对齐、页边距、缩进和行距。

利用检查拼写功能，可以在文本字段、场景和层名称、帧标签、动作脚本字符串以及文档中出现文本的其他地方中检查拼写。

可以像处理对象一样将文本变形，即旋转、缩放、倾斜和翻转，并且仍然可以编辑它的字符。

时间轴特效可将预建的动画特效应用到文本，例如弹跳、淡入或淡出和爆炸。

当处理 Flash FLA 文件时，如果系统中没有指定的字体，Flash 会用系统中安装的其他字体替换 FLA 文件中的字体。可以通过选项来控制要使用的替换字体。替换字体只用于在您的系统上进

行显示。FLA 文件中的字体选择依然保持不变。

Flash 还允许创建字体元件，这样就可以将该字体作为共享库的一部分导出，用于其他 Flash 文档。可以分离文本并更改它的字符的形状。

可以创建三种类型的文本字段：静态文本字段、动态文本字段和输入文本字段。

- 静态文本字段显示不会动态更改字符的文本。
- 动态文本字段显示动态更新的文本，如体育得分、股票报价或天气报告。
- 输入文本字段使用户可以将文本输入到表单或调查表中。

可以在 Flash 中创建水平文本（从左到右流向）或静态垂直文本（从右到左流向或从左到右流向）。默认情况下，文本以水平方向创建。可以选择首选参数使垂直文本成为默认方向，以及设置垂直文本的其他选项。还可以创建滚动文本字段。

要创建文本，可以使用文本工具 T 将文本块放在舞台上。创建静态文本时，可以将文本放在单独的一行中，该行会随着键入的文本扩展，或将文本放在定宽文本块（适用于水平文本）或定高文本块（适用于垂直文本）中，文本块会自动扩展并自动折行。在创建动态文本或输入文本时，可以将文本放在单独的一行中，或创建定宽和定高的文本块，如图3-1所示。

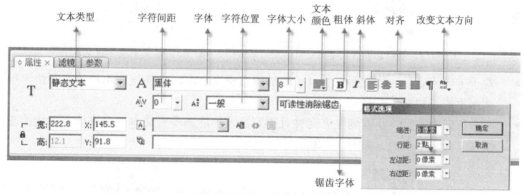

图 3-1 文本属性面板

1. Flash 文本块的类型

- 对于扩展的静态水平文本，会在该文本块的右上角出现一个圆形手柄，如图3-2所示。

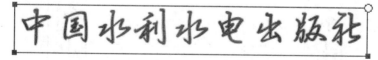

图 3-2 扩展静态水平文本

- 对于具有定义宽度的静态水平文本，会在该文本块的右上角出现一个方形手柄，如图3-3所示。

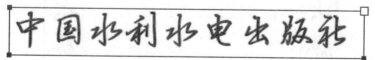

图 3-3 定义宽度静态水平文本

- 对于方向为垂直、从左到右并且扩展的静态垂直文本，会在该文本块的右下角出现一个圆形手柄，如图3-4所示。
- 对于方向为垂直、从左到右方向并且固定高度的静态垂直文本，会在该文本块的右下角出现一个方形手柄，如图3-5所示。

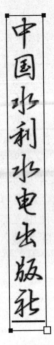

图 3-4　扩展静态垂直文本　　　　　　　　　图 3-5　定义宽度垂直文本

● 对于方向为垂直、从右到左并且扩展的静态垂直文本，会在该文本块的左下角出现一个圆形手柄，如图 3-6 所示。

● 对于方向为垂直、从右到左方向并且固定高度的静态垂直文本，会在该文本块的左下角出现一个方形手柄，如图 3-7 所示。

图 3-6　垂直从右到左扩展静态文本　　　　　图 3-7　垂直从右到左固定高度静态文本

● 对于扩展的动态或输入文本块，会在该文本块的右下角出现一个圆形手柄，如图 3-8 所示。

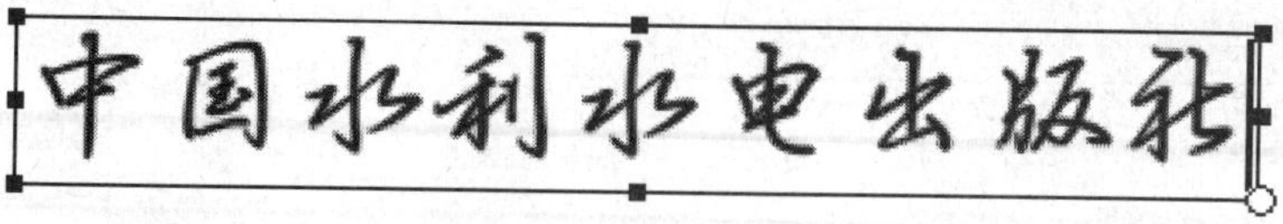

图 3-8　扩展动态文本

- 对于具有定义高度和宽度的动态或输入文本块，会在该文本块的右下角出现一个方形手柄，如图 3-9 所示。

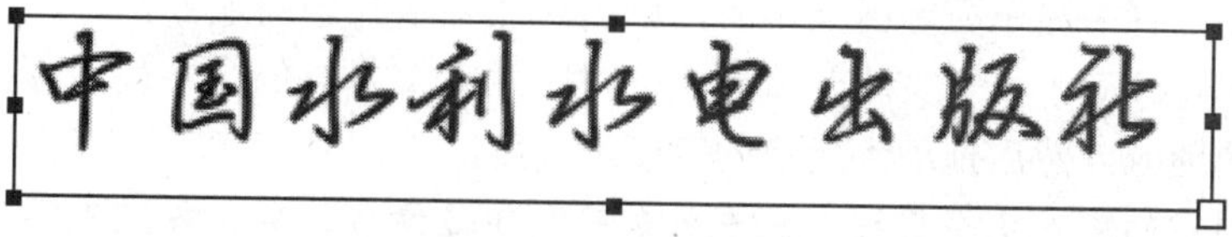

图 3-9　定义高度和宽度动态文本

可以在按住 Shift 键的同时双击动态和输入文本块字段的手柄，以创建在舞台上输入文本时不扩展的文本块，这样就可以创建固定大小的文本块，并且用多于它也可以显示的文本填充它，从而创建滚动文本。

在使用"文本"工具 **T** 创建了文本字段之后，可以使用"属性"面板指明要使用哪种类型的文本字段，以及设置某些值来控制文本字段及其内容在 SWF 文件中出现的方式。

2．创建文本

（1）选择"文本"工具。

（2）选择"窗口"→"属性"。

（3）在"属性"面板中，从弹出菜单中选择一种文本类型以指定文本字段的类型，如图 3-10 所示：

- "动态文本"创建显示动态更新的文本的字段。
- "输入文本"创建用户能够输入文本的字段。
- "静态文本"创建不能动态更新的字段。

图 3-10　选择文本类型

（4）以下只适用于静态文本：在"属性"面板中，单击"文本方向"按钮（在第一行"格式选项"按钮的右边），然后选择一个选项以指定该文本的方向，如图 3-11 所示：

- "水平"选项使文本从左向右水平排列（默认设置）。
- "垂直，从左向右"使文本从左向右垂直排列。
- "垂直，从右向左"使文本从右向左垂直排列。

注意：如果文本为动态或输入文本，则垂直文本的布局选项会被禁用。只有静态文本才能具有垂直方向。

图 3-11 选择文字方向

（5）根据需要执行以下其中一项操作：

● 要创建在一行中显示文本的文本块，单击想让文本开始的地方。

● 要创建定宽（对于水平文本）或定高（对于垂直文本）的文本块，可将指针放在想让文本开始的地方，然后拖动到所需的宽度或高度。

注意：如果创建的文本块在您键入文本时扩展到越过舞台边缘，该文本不会丢失。要使手柄再次可见，可添加换行符、移动文本块或选择"视图"→"缩小"。

（6）按设置文本属性中所述，在"属性"面板中选择文本属性。

● 更改文本块的尺寸：

➢ 拖动它的调整大小手柄。

● 要在定宽或定高和可扩展之间切换文本块：

➢ 双击调整大小手柄。

3. 分离文本

可以分离文本，将每个字符放在一个单独的文本块中。分离文本之后，就可以迅速将文本块分散到各个层，然后分别制作每个文本块的动画。

注意：不能分离可滚动文本字段中的文本。

还可以将文本转换为组成它的线条和填充，以便对它进行改变形状、擦除和其他操作。如同任何其他形状一样，可以单独将这些转换后的字符分组，或将它们更改为元件并制作为动画。将文本转换为线条和填充之后，就不能再编辑文本，如图 3-12 所示。

图 3-12 "分离"文字

（1）选取选择工具，然后单击文本块。

（2）选择"修改"→"分离"。选定文本中的每个字符会被放置在一个单独的文本块中，文本依然在舞台的同一位置上。

（3）再次选择"修改"→"分离"，将舞台上的字符转换为形状。

注意：分离命令只适用于轮廓字体，如 TrueType 字体。当分离位图字体时，它们会从屏幕上消失。

1
chapter

2
chapter

3
chapter

4
chapter

5
chapter

6
chapter

7
chapter

1
module

2
module

3
module

4
module

实例操作：文字动画

案例要点：

本案例通过给文字设置动画，掌握元件分离命令的效果。

操作步骤：

具体操作过程如下：

步骤 1：新建文档，文档大小使用默认。选择文本工具横排输入"中国水利水电出版社"文字，将其颜色、字体、文字大小进行设置，如图 3-13 所示。

图 3-13　输入文字

步骤 2：按 Ctrl+B 组合键将文字分离，并将每一个分离的文字按 F8 键转换成图形元件，如图 3-14 所示。

图 3-14　分别转换成图形元件

步骤 3：选中所有元件，右击鼠标，选择"分散到图层"命令，如图 3-15 所示。

步骤 4：在第 60 帧处插入关键帧，如图 3-16 所示。

步骤 5：从"国"图层开始每层统一间隔向后移动 5 帧，如图 3-17 所示。

步骤 6：每层制作淡入效果。先在"中"图层第 5 帧处插入关键帧，选中两个关键帧中间任意一帧单击鼠标右键，选择"创建补间动画"，如图 3-18、图 3-19 所示。

步骤 7：先选中第 1 帧，再单击元件，打开"属性"面板，单击"颜色"下拉列表框，如图 3-20 所示。

图 3-15　分散到图层

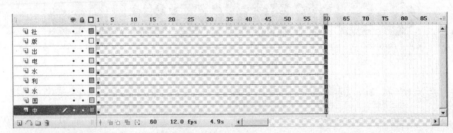

图 3-16　第 60 帧插入关键帧

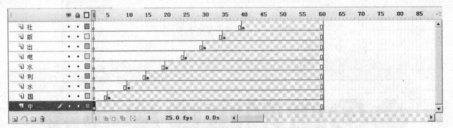

图 3-17　每层间隔 5 帧

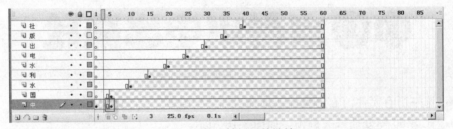

图 3-18　第 5 帧插入关键帧

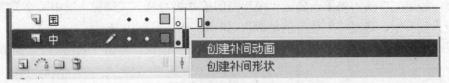

图 3-19　创建补间动画

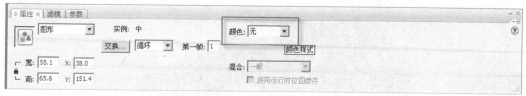

图 3-20　选择"颜色"样式

步骤 8：选择 Alpha，把后面数值调至"0"，如图 3-21 所示。

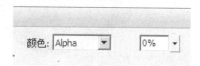

图 3-21　Alpha 值调为"0"

步骤 9：依次类推，按同样的方法将其他的元件都进行设置，如图 3-22 所示。

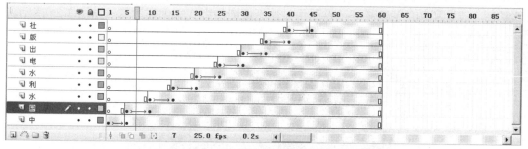

图 3-22　将每个元件同上设置

步骤 10：制作完成，按 Ctrl+Enter 组合键观看效果，如图 3-23 所示。

图 3-23　完成效果

3.2　图像文件的导入及应用

1. 矢量图和位图

计算机以矢量图形或位图格式显示图形。了解这两种格式的差别有助于更有效地工作。使用 Flash 可以创建压缩矢量图形并将它们制作为动画。Flash 也可以导入和处理在其他应用程序中创建的矢量图形和位图图形。

2. 矢量图形

矢量图形使用直线和曲线描述图形，矢量还包括颜色和位置属性。例如，树叶图像可以由创建树叶轮廓的线条所经过的点来描述，树叶的颜色由轮廓的颜色和轮廓所包围区域的颜色决定，如图 3-24 所示。

在编辑矢量图形时，可以修改描述图形形状的线条和曲线的属性。可以对矢量图形进行移动、调整大小、重定形状以及更改颜色的操作而不更改其外观品质。矢量图形与分辨率无关，这意味着它们可以显示在各种分辨率的输出设备上，而丝毫不影响品质。

1 chapter

2 chapter

3 chapter

4 chapter

5 chapter

6 chapter

7 chapter

1 module

2 module

3 module

4 module

1
chapter

2
chapter

3
chapter

4
chapter

5
chapter

6
chapter

7
chapter

1
module

2
module

3
module

4
module

图 3-24　矢量图效果

3. 位图图像

位图图像使用在网格内排列的称作像素的彩色点来描述图像。例如，树叶的图像由网格中每个像素的特定位置和颜色值来描述，这是用类似于镶嵌的方式来创建图像，如图 3-25 所示。

图 3-25　位图效果

在编辑位图图像时，修改的是像素，而不是直线和曲线。位图图像跟分辨率有关，因为描述图像的数据是固定到特定尺寸的网格上的。编辑位图图像可以更改它的外观品质。特别是调整位图图像的大小会使图像的边缘出现锯齿，因为网格内的像素重新进行了分布。在比图像本身的分辨率低的输出设备上显示位图图像时也会降低它的品质。

3.2.1　图像素材的导入

Flash 可以导入 BMP、JPEG、GIF、PNG、PICT、TGA、TIFF、SWF 等多种格式的位图和矢量文件。

1. 导入到舞台命令

（1）执行"文件"→"导入"→"导入到舞台"命令或者按 Ctrl+R 组合键，弹出如图 3-26 所示。的"导入"对话框。

（2）在打开的"导入"对话框中找到存放文件的文件夹，选中所需的图像文件，单击"打开"按钮，即完成图像的导入。

（3）如果文件比较多时，可以单击"文件类型"右侧的下拉按钮，在弹出的列表中限制文件的类型为"所有的图像格式"或者具体选择图像文件的类型。

图 3-26　"导入"对话框

1
chapter

2
chapter

3
chapter

4
chapter

5
chapter

6
chapter

7
chapter

1
module

2
module

3
module

4
module

（4）如果打开"导入"对话框中的图像文件是以数字结尾，并且该文件夹中还有同一序列的其他文件，会弹出如图 3-27 所示的提示框，提示是否导入图像序列。如果单击"是"按钮，则导入全部的序列文件。如果单击"否"按钮，则只导入选择的图像文件。

图 3-27　导入序列提示框

2．导入到库

执行"文件"→"导入"→"导入到库"命令，弹出"导入到库"对话框，如图 3-28 所示。

3．将其他应用程序中的位图粘贴至 Flash

（1）在其他程序中复制图像，如 Photoshop 等软件中。

（2）在 Flash 中执行"编辑"→"粘贴至中心位置"→"粘贴至当前位置"命令或者按 Ctrl+V 组合键，将图像复制在当前的编辑窗口。

3.2.2　图像编辑

对于导入的图片素材，可以使用套索工具只抠出部分图像来使用。具体操作如下：

①单击选中舞台中的图像，执行"修改"→"分离"命令或者按 Ctrl+B 组合键，将图像分离，如图 3-29 所示。

②然后单击舞台的空白区域，取消选择。

③首先单击"套索工具"按钮，选择套索工具。然后将鼠标移至"选项"栏中（多边形模式）按钮，单击，选择多边形套索。

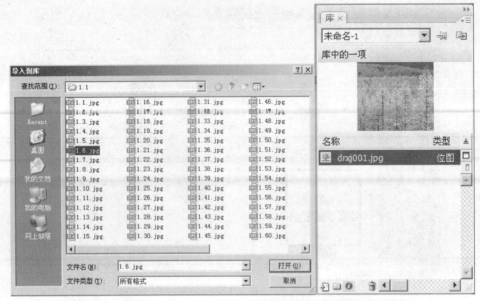

图 3-28　"导入到库"对话框

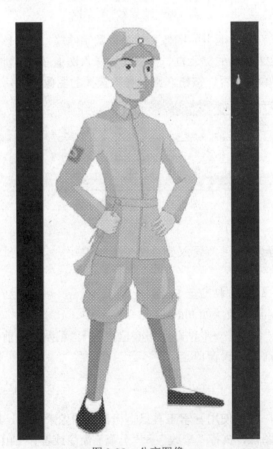

图 3-29　分离图像

④将光标移至要截取图形的轮廓上，光标变为套索工具，单击，确定起点；沿图形的轮廓拖动鼠标，单击确定第二个点；连续单击，描绘图形的轮廓。当鼠标回到起点时，双击鼠标，选中要截取的图形，如图 3-30 所示。

⑤单击主工具栏中的"剪切"按钮或者按 Ctrl+X 组合键，剪切图形，如图 3-31 所示。

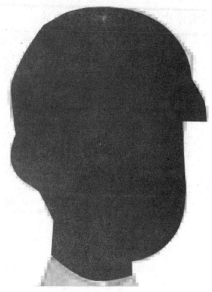

图 3-30　使用套索工具　　　　　　　　　　　　图 3-31　剪切

⑥选择"选择工具"按钮，单击选择图像剩余的部分，按 Delete 键删除。

⑦执行"编辑"→"粘贴至中心位置"命令，还原剪切的图形，如图 3-32 所示。

图 3-32　粘贴至中心位置

3.3　声音文件的导入及应用

Flash 提供了许多使用声音的方式，可以使声音独立于时间轴连续播放，或使动画和一个音轨同步播放。向按钮添加声音可以使按钮具有更强的互动性，通过声音淡入淡出还可以使音轨更加优美。它可以导入 WAV、MP3、AIFF 格式的音频文件。若系统安装了 QuickTime 的最高版本，

1
chapter

2
chapter

3
chapter

4
chapter

5
chapter

6
chapter

7
chapter

1
module

2
module

3
module

4
module

则可以导入 Sound Designer 2 只有声音的影片、Sun AU、System 声音等附加格式的声音文件类型。

在 Flash 中有两种类型的声音：事件声音和数据流。事件声音必须完全下载后才能开始播放，除非明确停止，它将一直连续播放。数据流在前几帧下载了足够的数据后就开始播放；数据流可以通过和时间轴同步以便在 Web 站点上播放，如图 3-33 所示。

1
chapter

2
chapter

3
chapter

4
chapter

5
chapter

6
chapter

7
chapter

1
module

2
module

3
module

4
module

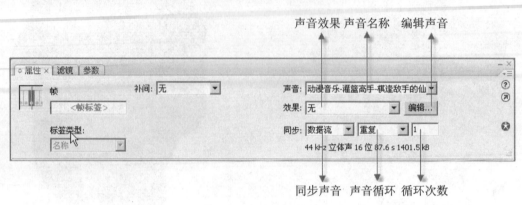

图 3-33　声音属性面板

1. 导入声音
● 选择"文件"→"导入"→"导入到库"。
● 在"导入"对话框中，定位并打开所需的声音文件。

2. 添加声音
（1）在时间轴激活某个帧。
（2）在"属性"面板中，从"声音"下拉列表框中选择声音文件。
（3）从"效果"下拉列表框中选择效果选项：
● "无"不对声音文件应用效果。选择此选项将删除以前应用过的效果。
● "左声道"/"右声道"只在左或右声道中播放声音。
● "从左到右淡出"/"从右到左淡出"会将声音从一个声道切换到另一个声道。
● "淡入"会在声音的持续时间内逐渐增加其幅度。
● "淡出"会在声音的持续时间内逐渐减小其幅度。
● "自定义"使您可以通过使用"编辑封套"创建自己的声音淡入和淡出点。
（4）从"同步"下拉列表框中选择"同步"选项：
● "事件"选项会将声音和一个事件的发生过程同步起来。事件声音在它的起始关键帧开始显示时播放，并独立于时间轴播放完整个声音，即使 SWF 文件停止也继续播放。当播放发布的 SWF 文件时，事件声音混合在一起。事件声音的一个示例就是当用户单击一个按钮时播放的声音。如果事件声音正在播放，而声音再次被实例化（例如，用户再次单击按钮），则第一个声音实例继续播放，另一个声音实例同时开始播放。
● "开始"与"事件"选项的功能相近，但如果声音正在播放，使用"开始"选项则不会播放新的声音实例。
● "停止"选项将使指定的声音静音。
● "数据流"选项将同步声音，以便在 Web 站点上播放。Flash 强制动画和音频流同步。如果 Flash 不能足够快地绘制动画的帧，就跳过帧。与事件声音不同，音频流随着 SWF 文件的停止而停止。而且，音频流的播放时间绝对不会比帧的播放时间长。当发布 SWF 文件时，音频流混合在一起。音频流的一个示例就是动画中一个人物的声音在多个帧中播放。

注意：如果您使用 MP3 声音作为音频流，则必须重新压缩声音，以便能够导出。可以将声音导出为 MP3 文件，所用的压缩设置与导入它时的设置相同。

（5）为"重复"输入一个值，以指定声音循环的次数，或者选择"循环"以连续重复声音。要连续播放，请输入一个足够大的数，以便在扩展持续时间内播放声音。例如，要在 15 分钟内循环播放一段 15 秒的声音，输入 60。

注意：不建议循环播放音频流。如果将音频流设为循环播放，帧就会添加到文件中，文件的大小就会根据声音循环播放的次数而倍增。

3. 使用声音编辑控件

要定义声音的起始点或控制播放时的音量，可以使用"属性"面板中的声音编辑控件。 Flash 可以改变声音开始播放和停止播放的位置。这对于通过删除声音文件的无用部分来减小文件的大小是很有用的，如图 3-34 所示。

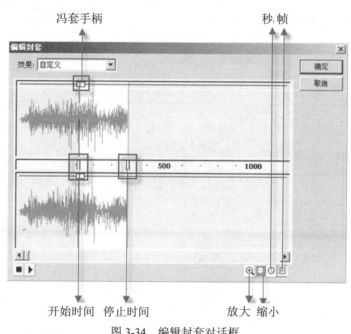

图 3-34 编辑封套对话框

①在帧中添加声音，或选择一个已包含声音的帧。

②选择"窗口"→"属性"。

③单击"属性"面板右边的"编辑"按钮。

④执行以下任意操作：

● 要改变声音的起始点和终止点，请拖动"编辑封套"对话框中的"开始时间"和"停止时间"控件。

● 要更改声音封套，请拖动封套手柄来改变声音中不同点处的级别。封套线显示声音播放时的音量。单击封套线可以创建其他封套手柄（总共可达 8 个）。要删除封套手柄，请将其拖出窗口。

● 单击"放大"或"缩小"，可以改变窗口中显示声音的多少。

● 要在秒和帧之间切换时间单位，请单击"秒"和"帧"按钮。

⑤单击"播放"按钮，可以听编辑后的声音。

1
chapter

2
chapter

3
chapter

4
chapter

5
chapter

6
chapter

7
chapter

1
module

2
module

3
module

4
module

实例操作：制作片头

实例要点：

本实例通过综合使用图形绘制、文本文字动画效果以及声音制作一段片头预告动画，掌握影像、声音相结合的影视效果。

操作步骤：

具体操作过程如下：

步骤1：新建元件，命名为"背景"，用矩形工具绘制一个矩形，如图 3-35 所示。

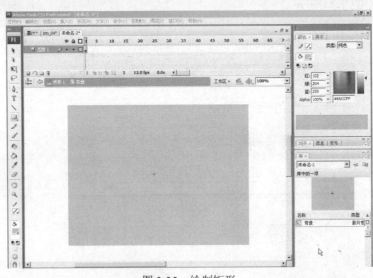

图 3-35　绘制矩形

步骤 2：填充颜色选择放射状，两个颜色选择绿色系，颜色面板中前一个色标颜色十六进制为"#429382"，后一个色标颜色十六进制为"#234E45"，选择颜料桶工具进行填充，如图 3-36 所示。

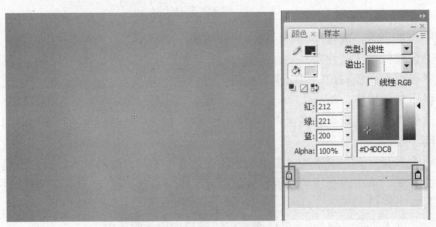

图 3-36　填充颜色

步骤3：再新建元件，命名为"天"，颜色选择"#AACECC"，纯色填充，如图 3-37 所示。

图 3-37　绘制"天"

　　步骤 4：回到场景，将元件"背景"、"天"分别放到各自的图层上，将"天"图层放至下层，如图 3-38 所示。

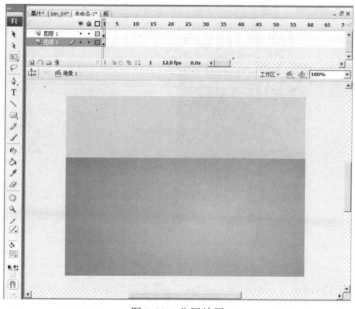

图 3-38　分层放置

　　步骤 5：绘制远处的树木，选择画笔工具，新建元件，命名为"远树木"，使用颜色"#518C89"进行填充，如图 3-39 所示。

图 3-39　绘制远景树木

　　步骤 6：用同样的方法绘制中景的树木，颜色"#365F5C"，调整好用颜料桶工具进行填充，如图 3-40 所示。

图 3-40　绘制中景树木

步骤 7：绘制近景的树木，颜色"#0D1716"，选择颜料桶工具进行填充，如图 3-41 所示。

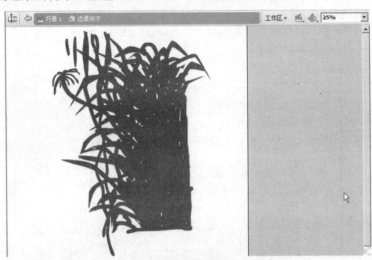

图 3-41　绘制近景树木

步骤 8：绘制两边的树藤，颜色"#000000"，用画笔绘制，如图 3-42 所示。

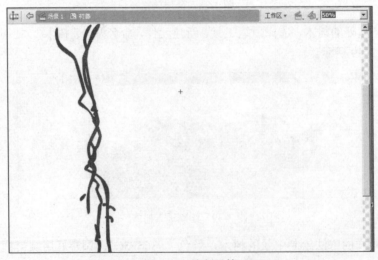

图 3-42　绘制吊藤

步骤 9：制作轮船，用钢笔工具绘制基本型，然后用颜色填充，如图 3-43 所示。

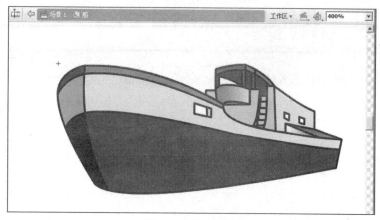

图 3-43　绘制轮船

步骤 10：制作一段水波动画。新建影片剪辑元件，命名为"水波"。在第 1 帧处用画笔进行绘制，填充颜色选择"#AFDEE2"，如图 3-44 所示。

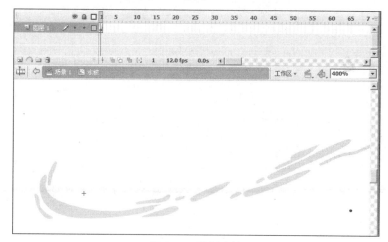

图 3-44　绘制水波

步骤 11：在第 3 帧处插入空白关键帧，并且打开洋葱皮效果，如图 3-45 所示。

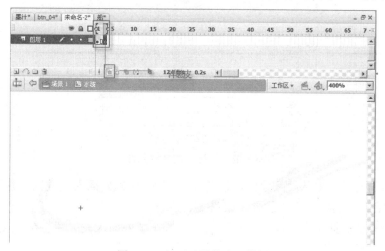

图 3-45　打开"洋葱皮"效果

步骤 12：用画笔工具画出水波，再在第 6 帧处插入空白关键帧，进行绘制，如图 3-46 所示。

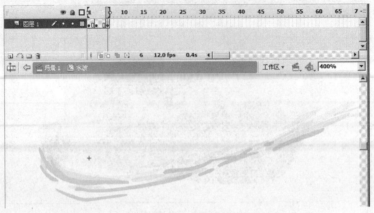

图 3-46　在第 6 帧绘制水波

步骤 13：新建元件，命名为"文字"，输入文字，如图 3-47 所示。

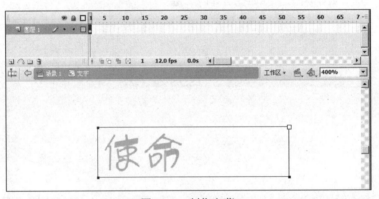

图 3-47　制作字幕

步骤 14：准备好所有素材，回到场景。分别新建图层，把做好的元件拖放进来，如图 3-48 所示。

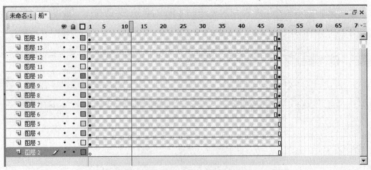

图 3-48　新建图层拖放元件

步骤 15：将所有的灌木丛向两边做位移动画，在第 50 帧处插入关键帧，并创建补间动画。把轮船做一个从后向前的位移缩放动画，如图 3-49 所示。

步骤 16：新建图层把文字放进来，做动画。在第 5 帧处插入关键帧，在第 45 帧处插入关键帧，如图 3-50 所示。

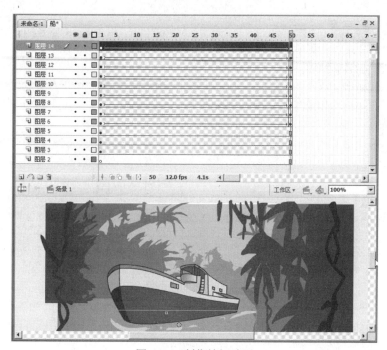

图 3-49　制作补间动画

图 3-50　制作文本动画

　　步骤 17：给整个动画做安全框。新建元件，命名为"安全框"，选择矩形工具，关闭填充颜色，边框颜色选择黑色，如图 3-51 所示。

　　步骤18：回到场景，新建图层，把安全框拖进去，打开"属性"面板，把它的宽、高设置成 550×400，X、Y 轴设置成 224、195，如图 3-52 所示。

　　步骤19："打开窗口"→"变形面板"，单击"复制并应用变形"按钮，如图 3-53 所示。

　　步骤20：勾选约束，将缩放百分比分别输入 300，如图 3-54 所示。

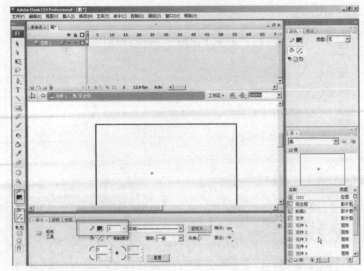

图 3-51　绘制安全框

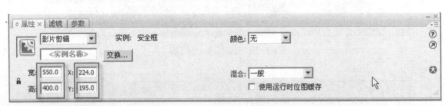

图 3-52　设置安全框宽高

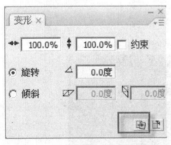

图 3-53　复制并应用变形

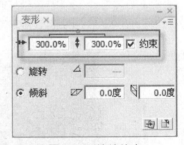

图 3-54　缩放约束

步骤 21：选中复制出来的一个安全框，再按住 Shift 键加选里面的安全框，如图 3-55 所示。

图 3-55　选中两个安全框

步骤 22：按 Ctrl+B 组合键将两个框分离，填充色选择黑色，进行填充，如图 3-56 所示。

图 3-56　分离两个安全框

步骤 23：测试影片观看效果，完成。

 本章小结

本章学习了 Flash 文本的处理，以及如何制作文本动画，还讲解了对图片的编辑，声音的添加与编辑，怎样控制声音的播放效果等，进而以实例讲解了文本、图像、声音的综合使用。声音在动画当中是非常重要的一个环节，所以对如何编辑和添加声音效果是本章的重点内容。

 课后任务

任务内容一：

课后练习任务			
任务名称	自定	任务内容名称	制作文字动画
制作时间		是否完成	
内容要求	1. 制作 60 帧的文字动画 2. 文字从上落下出现 3. 有节奏感		
成绩评定	□不合格（<60 分）　　　□合格（≥60 分）　　　□良好（≥80 分）		

任务内容一：

课后练习任务			
任务名称	自定	任务内容名称	编辑图像
制作时间		是否完成	
内容要求	1. 找出一张图片用钢笔工具抠图 2. 将抠出的图像放入其他图像中		
成绩评定	□不合格（<60 分）　　　□合格（≥60 分）　　　□良好（≥80 分）		

1 chapter
2 chapter
3 chapter
4 chapter
5 chapter
6 chapter
7 chapter
1 module
2 module
3 module
4 module

任务内容三：

<table>
<tr><td colspan="4">课后练习任务</td></tr>
<tr><td>任务名称</td><td>自定</td><td>任务内容名称</td><td>编辑声音</td></tr>
<tr><td>制作时间</td><td></td><td>是否完成</td><td></td></tr>
<tr><td>内容要求</td><td colspan="3">1. 找一段声音导入 Flash 中
2. 对该声音进行淡入淡出的效果调整</td></tr>
<tr><td>成绩评定</td><td colspan="3">□不合格（<60 分）　　□合格（≥60 分）　　□良好（≥80 分）</td></tr>
</table>

第 4 章
Flash 基础动画

Chapter 4

 本章导读

"万丈高楼平地起"，Flash 动画也是如此，只要打好基础，再复杂的动画都能迎刃而解。不管是在以后的制作当中或者是创作中，我们都要以坚实的基础为后盾，这样才能举一反三、循序渐进。

本章从 Flash 基本的位移动画、逐帧动画、路径动画、遮罩动画、补间动画开始着手，以实例为引导，详细讲解在 Flash 中经常出现的一些基础动画。虽然每部动画或者个人的制作方法不同，但动画的基本原理都不会变。本章所讲重点是基础的动画制作，为后续的项目实训做好准备。

 本章要点

● 创建 Flash 动画概述
● Flash 位移动画
● Flash 逐帧动画
● Flash 路径动画
● Flash 遮罩动画
● Flash 补间动画

▌4.1 创建 Flash 动画概述

Flash 提供了几种在文档中包含动画和特定效果的方法。利用时间轴特效（如模糊、扩展和爆炸）可以很容易将对象制作为动画：只需选择对象，然后选择一种特效并指定参数。利用时间轴特效，只需执行几个简单步骤即可完成以前既费时又需要精通动画制作知识的任务。要创建补间动画，可以创建起始帧和结束帧，而让 Flash 创建中间帧的动画。Flash 通过更改起始帧和结束帧之间的对象大小、旋转、透明度、颜色、形状或其他属性来创建运动的效果。更改既可以独立于其他的更改，也可以和其他的更改互相协调。例如，可以创作出这样的效果，对象在舞台中一边移动，一边旋转，并且淡入。在逐帧动画中，必须创建每一帧中的图像。

时间轴中的动画表示方式

Flash 会按照如下方式区分时间轴上的逐帧动画和补间动画：

1
chapter

2
chapter

3
chapter

4
chapter

5
chapter

6
chapter

7
chapter

1
module

2
module

3
module

4
module

- 补间动画用起始关键帧处的一个黑色圆点指示；中间的补间帧有一个浅蓝色背景的黑色箭头。

- 补间形状用起始关键帧处的一个黑色圆点指示；中间的帧有一个浅绿色背景的黑色箭头。

- 虚线表示补间是断的或不完整的，例如，在最后的关键帧已丢失时。

- 单个关键帧用一个黑色圆点表示。单个关键帧后面的浅灰色帧包含无变化的相同内容，并带有一条黑线，而在整个范围的最后一帧还有一个空心矩形。

- 出现一个小 a 表明已利用"动作"面板为该帧分配了一个帧动作。

- 红色标记表明该帧包含一个标签或注释。

- 金色的锚记表明该帧是一个命名锚记。

4.2 Flash 位移动画

位移动画是指在一个时间点定义一个对象的位置，然后在另一个时间点改变这个对象的位置，基本上就是直线运动。我们接下来做的飞机动画就是一个典型的案例，这也是最基本的动画之一。

制作移动位置的动画

- 绘制图形元件
- 插入关键帧
- 创建补间动画
- 测试动画

实例操作：小飞机飞行

案例要点：

本案例通过制作小飞机的飞行位移动画，要求掌握最基本的动画设置。

操作步骤：

具体操作过程如下

步骤 1：执行"文件"→"新建"命令，创建新文件。

步骤 2：使用线条工具／和椭圆工具○绘制卡通飞机图形，注意打开"对齐对象"选项，方便绘画，最终效果如图 4-1 所示。

1
chapter

2
chapter

3
chapter

4
chapter

5
chapter

6
chapter

7
chapter

1
module

2
module

3
module

4
module

图 4-1　最终效果

绘制步骤如下：

1）在舞台中，用直线工具 ╱ 绘制两根直线，通过选择工具 ▶ 拖拉成机身的上半部轮廓，然后再用直线工具 ╱ 绘制一根直线，通过选择工具 ▶ 拖拉成机身的下半部轮廓，最后把飞机的头补完，如图 4-2 所示。

图 4-2　勾勒飞机机身

2）用直线工具 ╱ 绘制飞机的机翼，选取多余的线条，然后删除，再使用椭圆工具 ◯ 绘制飞机的发动机，如图 4-3 所示。

图 4-3　添加机翼、发动机

3）用直线工具 ╱ 绘制飞机头部，如图 4-4 所示。

图 4-4　绘制飞机头部

4）用椭圆工具 ◯ 绘制飞机窗户，然后用直线工具 ╱ 修饰机身，如图 4-5 所示。

图 4-5　绘制机窗

步骤 3：用选择工具选取图形，按 F8 键将图形转换为元件，输入名称，选择"图形"类型，如图 4-6 所示。

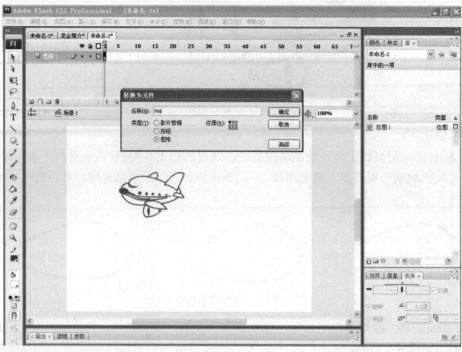

图 4-6 转换为元件

步骤 4：选择第 30 帧处，插入关键帧，插入关键帧的方法有按 F6 键或单击右键在快捷菜单中选择"插入关键帧"，如图 4-7 所示。

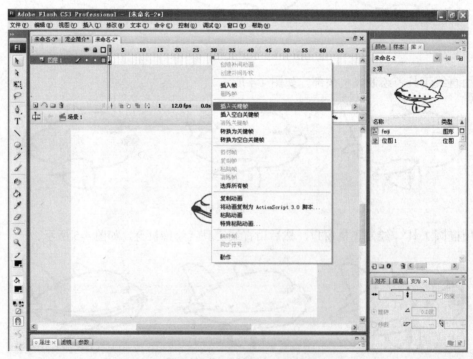

图 4-7 第 30 帧插入关键帧

步骤 5：选择第一个关键帧，然后移动飞机到舞台右边，如图 4-8 所示。

图 4-8　向右移动飞机

步骤 6：选择最后一个关键帧，然后移动飞机到舞台左边，如图 4-9 所示。

图 4-9　向右移动飞机

步骤 7：选择第一个关键帧和最后一个关键帧区间，然后右击鼠标，选择"创建补间动画"命令来实现补间动画，如图 4-10 所示。

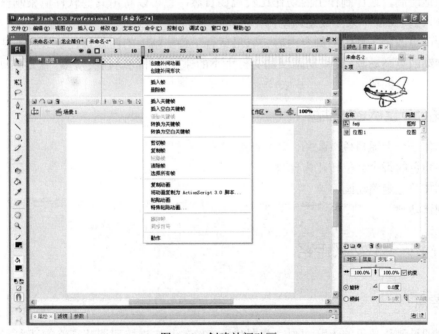

图 4-10　创建补间动画

步骤 8：按 Ctrl+Enter 组合键或选择菜单"控制"→"测试影片"，如果只是简单预览，也可以直接按 Enter 键。但是在复杂的动画中按 Enter 键是预览不到所有动画效果的，如场景中嵌了影片剪辑。测试影片如图 4-11 所示。

1
chapter

2
chapter

3
chapter

4
chapter

5
chapter

6
chapter

7
chapter

1
module

2
module

3
module

4
module

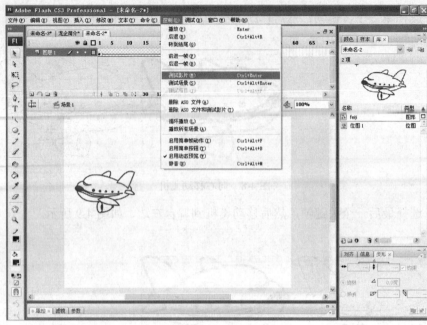

图 4-11　测试影片

4.3　Flash 逐帧动画

逐帧动画是指在时间轴上的每个帧都是关键帧。它和传统动画类似，全部由关键帧组成，可以一帧一帧地绘制，这样制作出的动作比较流畅自然，也可以将由其他软件渲染制作出的序列图片动画，导入到 Flash 中来生成逐帧动画。

逐帧动画更改每一帧中的舞台内容，它最适合于每一帧中的图像都在更改而不是仅仅简单地在舞台中移动的复杂动画。逐帧动画增加文件大小的速度比补间动画快得多。在逐帧动画中，Flash 会保存每个完整帧的值。

制作角色走路的逐帧动画

- 制作一个卡通角色
- 将角色的每个部位转化为元件
- 制作角色走路动画
- 测试动画

实例操作：小女孩走路

案例要点：

本案例通过制作角色的走路动画，掌握角色走路的基本规律和调节走路的基本方法。

操作步骤：

具体操作过程如下：

步骤 1： 新建文件，根据角色设定制作角色，将角色要运动的部位单独制作元件，如图 4-12 所示。

步骤 2： 走路的特点是手臂和腿的交错前后进行，我们把头部和身体转换成一个元件，手臂和腿单独分开来调节动画，如图 4-13 所示。

<table>
<tr><td>1
chapter</td></tr>
<tr><td>2
chapter</td></tr>
<tr><td>3
chapter</td></tr>
<tr><td>4
chapter</td></tr>
<tr><td>5
chapter</td></tr>
<tr><td>6
chapter</td></tr>
<tr><td>7
chapter</td></tr>
<tr><td>1
module</td></tr>
<tr><td>2
module</td></tr>
<tr><td>3
module</td></tr>
<tr><td>4
module</td></tr>
</table>

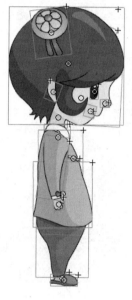

图 4-12　运动的各部位元件

图 4-13　主要的三大元件

步骤 3： 选中舞台当中的所有元件，单击右键选择"分散到图层"命令，如图 4-14 所示。

步骤 4： 复制腿元件和手臂元件并重命名调整走路姿势，我们用 16 帧做走路的一个完步，将每个图层延长至第 16 帧，如图 4-15 所示。

图 4-14　右键单击选择"分散到图层"

图 4-15　第 16 帧插入帧

步骤 5：在第 5、9、13、16 帧处插入关键帧，这几个关键帧关系人体高低起伏、步伐转折，如图 4-16 所示。

步骤 6：选中"身体"图层第 5、13 帧，按键盘向上箭头移至参考线，如图 4-17 所示。

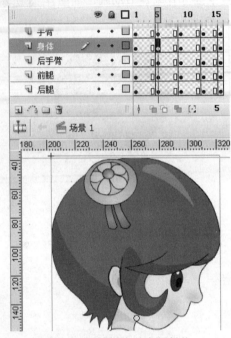

图 4-16　高低起伏处关键帧　　　　图 4-17　调节身体高低起伏

步骤 7：调节两条腿的动画。选择"前腿"和"后腿"图层，在第 3 帧处插入关键帧，调节腿的姿势，如图 4-18 所示。

图 4-18　调整起始姿势

步骤 8：选择"前腿"和"后腿"图层的第 2 帧插入关键帧，打开绘图纸效果调整，绘制"中间画"，如图 4-19 所示。

步骤 9：在第 4 帧同样插入关键帧，打开绘图纸效果，旋转腿的方向，再用选择工具进行调整，如图 4-20 所示。

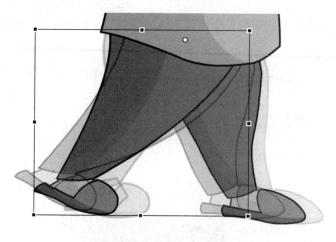

图 4-19　绘制"中间画"

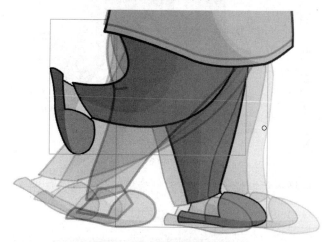

图 4-20　绘制中心落左腿姿势

步骤 10：在第 5 帧处，身体重心落到左腿上，复制第 4 帧的内容，进行"粘贴到当前位置"，分别粘贴到第 5 帧，打开绘图纸效果再进行调整，如图 4-21 所示。

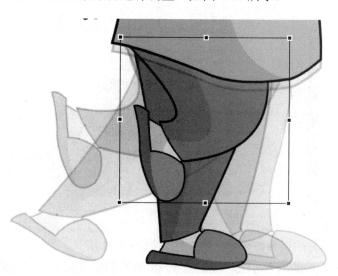

图 4-21　绘制重心完全落在左腿姿势

步骤 11：在第 7 帧处插入关键帧，身体运动曲线下降，前腿向前，后腿向后，如图 4-22 所示。

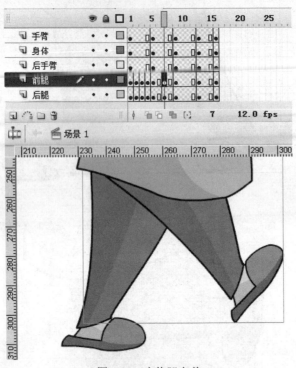

图 4-22 交换腿向前

步骤 12：在第 6 帧处插入关键帧，打开绘图纸效果进行调节，如图 4-23 所示。

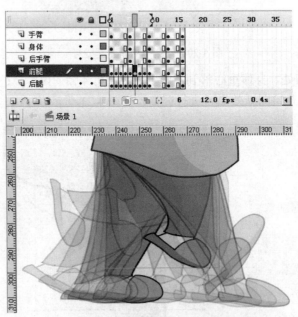

图 4-23 调节"中间画"

步骤 13：按同样的方法调节第 8 帧、第 9 帧，如图 4-24 所示。

步骤 14：第 9～16 帧的调节方法可根据第 1～8 帧的制作方法，制作完成后在第 15 帧按 F5 键，如图 4-25 所示。

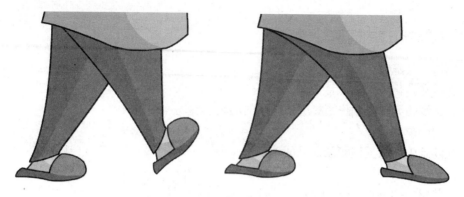

图 4-24　绘制脚落地

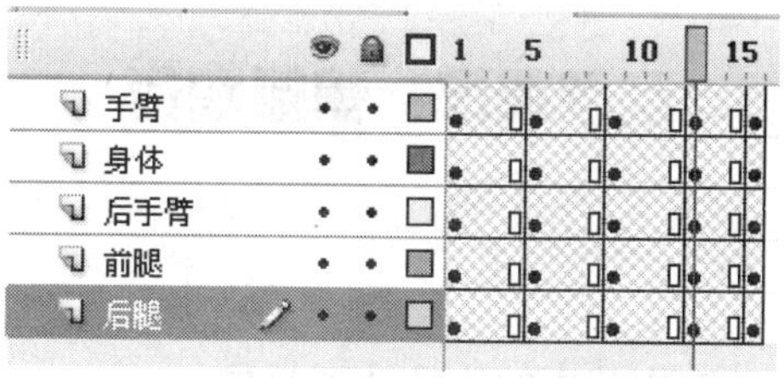

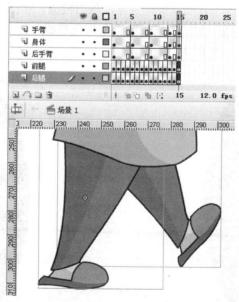

图 4-25　延长第 15 帧

步骤 15：将延长的第 16 帧插入关键帧，选中第 17 帧单击右键删除帧，延长的意思是让第 16 帧的动作和第 1 帧衔接自然流畅，测试完成，如图 4-26 所示。

图 4-26　删除第 17 帧

步骤 16：腿的动画调整完成后，再调节手臂以及其他部位的运动。

4.4　Flash 路径动画

路径动画是指在一个时间点定义一个对象的位置，然后在一段时间内沿着预先设计好的路线移动到另一个位置。我们接下来做的蟑螂爬行动画就是一个典型的案例，这也是最基本的动画之一。

制作按路径运动的动画

- 制作一只蟑螂
- 将蟑螂转化为元件
- 在蟑螂的元件中制作蟑螂腿部向前的动画
- 绘制简单场景
- 在场景中插入关键帧创建补间动画
- 添加运动引导层
- 调整蟑螂的位置
- 测试动画

实例操作：蟑螂爬行

案例要点：

本案例通过绘制运动路径，制作基本的路径动画效果。

操作步骤：

具体操作过程如下：

步骤 1：新建文件，用椭圆工具制作蟑螂身体，画出椭圆，如图 4-27 所示。

步骤 2：制作身体光影斑纹。先从中间绘制一条黑色直线，然后打开"绘制对象"按钮，绘制一边的圆圈，颜色为橘黄色，如图 4-28 所示。

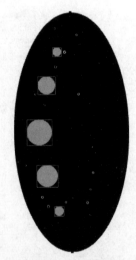

图 4-27　绘制椭圆　　　　　　　　图 4-28　绘制斑点

步骤 3：用选择工具选择绘制好的橘色斑点，按 Ctrl+C 组合键复制，再按 Ctrl+Shift+V 组合键粘贴，按向右方向箭头，将复制出来的斑点放置到右边，如图 4-29 所示。

步骤 4：用选择工具截取上面的弧度，框选中全部图像，按 Ctrl+G 组合键组合，如图 4-30 所示。

步骤 5：新建图层，绘制光影。选择椭圆工具，将边框颜色设置为无，填充颜色设置为线性渐变，画椭圆，并将一半删除，如图 4-31 所示。

图 4-29　复制另一半斑点

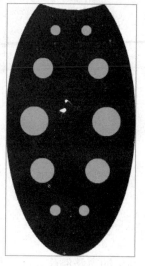

图 4-30　组合

1 chapter

2 chapter

3 chapter

4 chapter

5 chapter

6 chapter

7 chapter

1 module

2 module

3 module

4 module

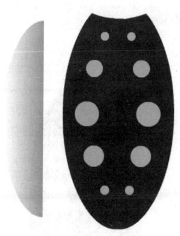

图 4-31　制作光影

步骤 6：调节渐变颜色，打开颜色面板，将后一个色标的颜色也设置成白色，并且把 Alpha 数值设置为 0%，如图 4-32 所示。

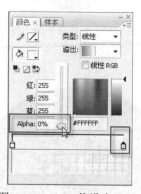

图 4-32　Alpha 值设为 "0"

步骤 7：选择选择工具调节光影的弧度，再选择渐变变形工具，调整光影透明度的位置，如图 4-33 所示。

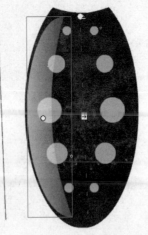

图 4-33　调整弧度

步骤 8：同样的方法制作反光。然后全选中图形，按 F8 键将其转化为图形元件，如图 4-34 所示。

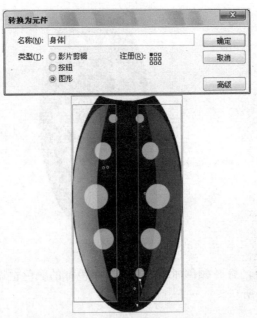

图 4-34　身体转换为元件

步骤 9：制作蟑螂头部。选择椭圆工具绘制椭圆，颜色和身体颜色一样，如图 4-35 所示。

图 4-35　绘制头部

步骤 10：制作眼睛，选择椭圆工具画正圆，填充放射渐变，颜色添加和效果如图 4-36 所示。

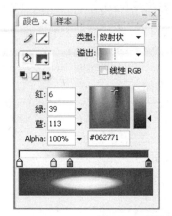

1
chapter

2
chapter

3
chapter

4
chapter

5
chapter

6
chapter

7
chapter

1
module

2
module

3
module

4
module

图 4-36　制作眼睛

步骤 11：将制作好的眼睛进行复制放在右边，选中头部所有图形按 F8 键转换为图形元件，如图 4-37 所示。

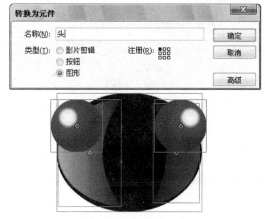

图 4-37　复制另一半

步骤 12：将头元件和身体元件进行对位，如图 4-38 所示。

图 4-38　头部元件和身体元件对位

步骤 13：制作触角。新建图层，选择直线工具，打开"属性"面板并设置线的宽度为"1"，拉出一直线，并用选择工具将其一端拉弯，如图 4-39 所示。

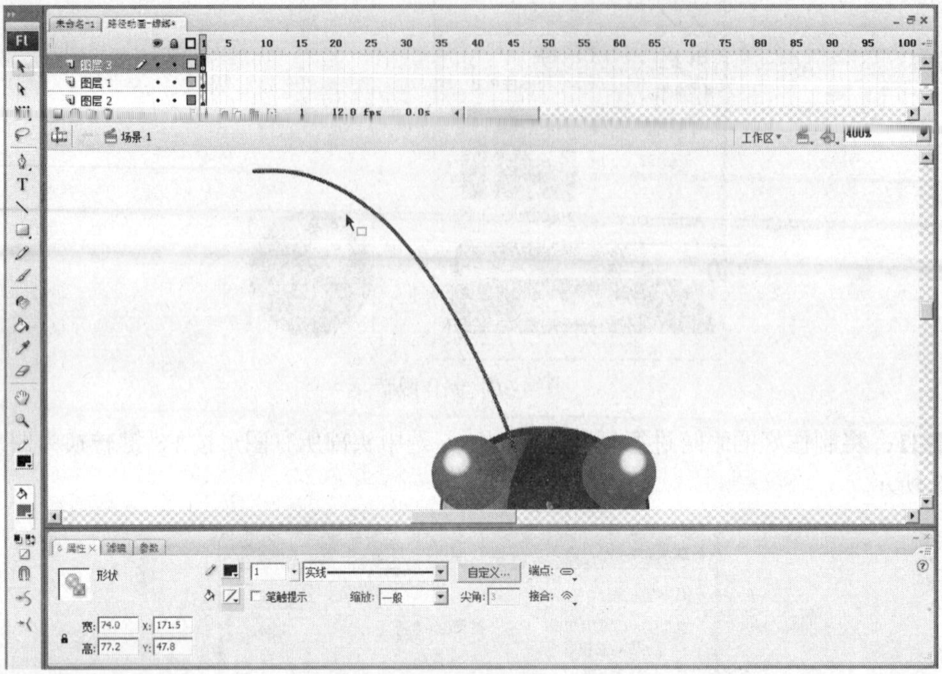

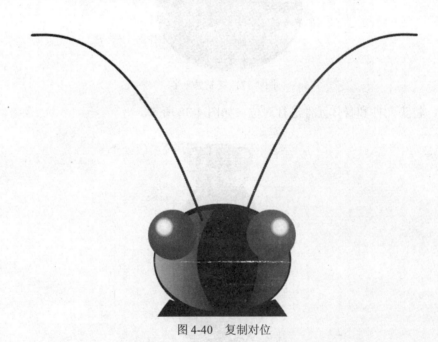

图 4-39　绘制触角

步骤 14：选中调整好的触角，按 Ctrl+C 组合键复制，新建图层再按 Ctrl+Shift+V 组合键粘贴，调整好位置，如图 4-40 所示。

图 4-40　复制对位

步骤 15：分别将两个触角转换为元件。分别制作 6 条腿，并且转换为元件单独放入图层，拖出参考线查看腿的高低程度，如图 4-41 所示。

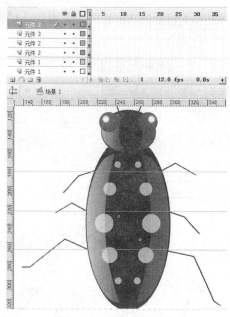

图 4-41　绘制并调整腿

步骤 16：选择任意变形工具把触角、每个腿的中心点移到靠身体一边，如图 4-42 所示。

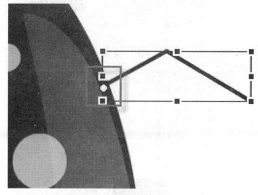

图 4-42　将腿的中心点移到一边

步骤 17：选中时间轴上所有图层的第 7 帧，按 F6 键插入关键帧，如图 4-43 所示。

图 4-43　第 7 帧插入关键帧

1
chapter

2
chapter

3
chapter

4
chapter

5
chapter

6
chapter

7
chapter

1
module

2
module

3
module

4
module

步骤 18：选中两个触角，在第 4 帧处按 F6 键插入关键帧，把触角向两边旋转，并创建补间动画，如图 4-44 所示。

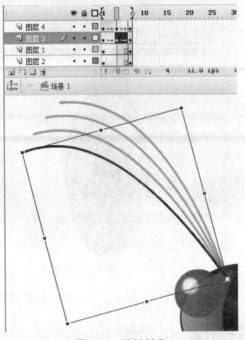

图 4-44　旋转触角

步骤 19：选中 6 条腿，在第 4 帧处插入关键帧，每条腿调至如图 4-45 所示，并创建补间动画。

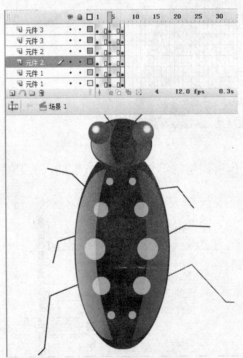

图 4-45　第 4 帧处腿的状态

步骤 20：转换元件。选中所有的帧，右键复制，新建元件命名为"蟑螂-动画"，单击右键粘贴帧，如图 4-46 所示。

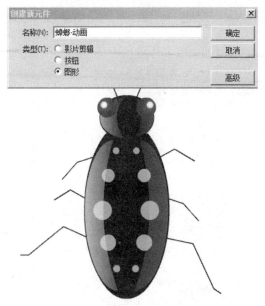

图 4-46　创建新元件复制并粘贴

步骤 21：将场景中新建图层，把其他图层都删除，并把"蟑螂-动画"元件从库中拖入舞台，如图 4-47 所示。

图 4-47　拖放"蟑螂-动画"新元件

步骤 22：绘制简单场景。新建图层并将其放到最下端，选择直线工具勾勒大体轮廓并上色，如图 4-48 所示。

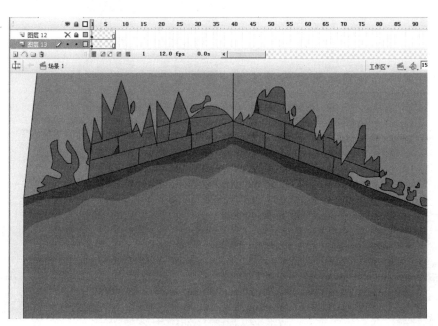

图 4-48　绘制场景

1
chapter

2
chapter

3
chapter

4
chapter

5
chapter

6
chapter

7
chapter

1
module

2
module

3
module

4
module

步骤 23：制作蟑螂路径动画。新建"创建添加运动图层"，并选择铅笔工具画一条曲线，如图 4-49 所示。

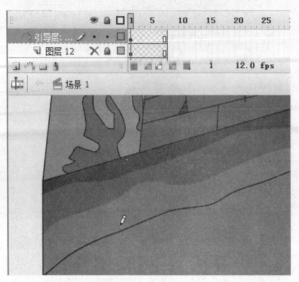

图 4-49　画运动路径

步骤 24：将 3 个图层的帧延长至 30 帧，选择任意变形工具把蟑螂缩小放置在引导线的左端，如图 4-50 所示。

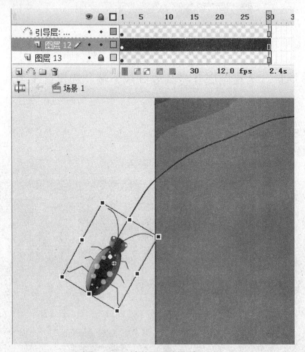

图 4-50　蟑螂跟引导线对位

步骤 25：在图层 12 的第 30 帧处插入关键帧，并将蟑螂移动到引导线的右端，如图 4-51 所示。

步骤 26：图层创建补间动画，蟑螂的中心点和引导线两端相重合，在中间线条转折地方插入关键帧，调整蟑螂方向。制作完成，查看播放结果，如图 4-52 所示。

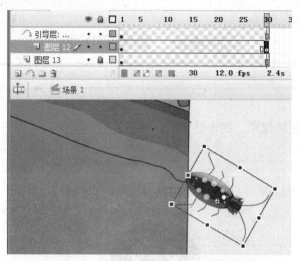

图 4-51　第 30 帧将蟑螂放置在引导线右端

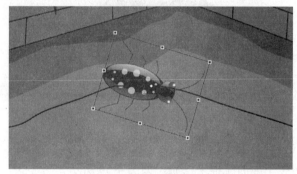

图 4-52　调整蟑螂方向

步骤 27： 按同样的方法可以制作更多的蟑螂，可以制作大小不同的蟑螂，这样效果会更好。

4.5　Flash 遮罩动画

遮罩动画是指透过一个指定好的区域显示动画内容或图形，隐藏该区域以外信息的动画。其基本原理是，在两个图层重叠的时候，把上面的图形设置为 Mask 时，下面图层的动画或图形只显示被 Mask 的部分。我们接下来做的舞台灯光效果动画就是一个典型的案例，接着我们再做两个文字遮罩和一个遮罩特效，遮罩效果的动画也是最基本的动画之一。

制作遮罩效果的动画

- 绘制一个 QQ
- 绘制一个麦克风
- 绘制一个背景
- 绘制一个遮罩用的灯光
- 创建动画
- 创建遮罩层
- 测试动画

实例操作：演唱的企鹅

案例要点：

本案例通过设置图层的遮罩，制作遮罩动画效果。

操作步骤：

步骤 1：新建文件。

步骤 2：修改图层 1 的名字为 QQ，然后用椭圆工具 ◯ 绘制 QQ。最终效果图，如图 4-53 所示。

图 4-53　最终效果图

QQ 绘制步骤如下：在舞台中，用椭圆工具 ◯ 绘制 QQ 的身体、眼睛、嘴和脚，用直线工具 ╱ 绘制 QQ 的手和围巾，可按下面的流程来绘制，如图 4-54 所示。

图 4-54　绘制过程

步骤 3：新建一个图层，并取名为 Mic，把 Mic 层放到 QQ 图层上面，用直线工具 ╱ 和矩形工具 ▢ 绘制麦克风。绘制过程如图 4-55 所示。

步骤 4：新建一个图层，取名为 Screen，用直线工具 ╱ 和矩形工具 ▢ 绘制幕布。最终效果如图 4-56 所示。

Screen 绘制步骤如下：

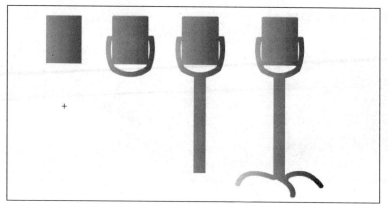

图 4-55　绘制麦克风

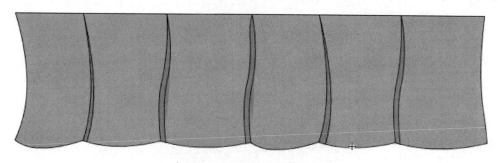

图 4-56　幕布效果图

1）在舞台中，用直线工具／绘制一个矩形，然后在底部用选择工具拖拉出曲线，再用颜料桶工具填充颜色，如图 4-57 所示。

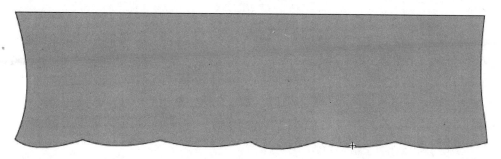

图 4-57　绘制幕布轮廓

2）用直线工具／绘制幕布褶皱曲线，如图 4-58 所示。

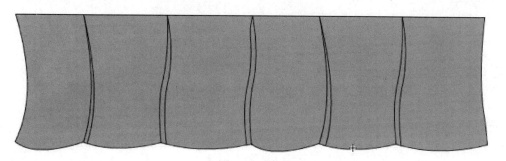

图 4-58　绘制褶皱

1
chapter

2
chapter

3
chapter

4
chapter

5
chapter

6
chapter

7
chapter

1
module

2
module

3
module

4
module

3）用颜料桶工具 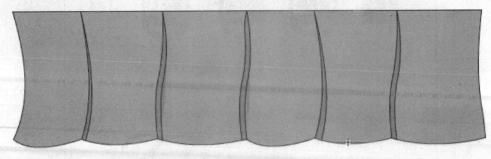 填充阴影色，选择比幕布较暗一点的颜色，如图 4-59 所示。

图 4-59　绘制阴影

步骤 5：新建一个图层，取名为 Mask，把 Mask 图层放置到最上层，选择椭圆工具 ◯，在颜色栏中，设置笔触没有颜色 ✎ ◢，按住 Shift 键，在舞台上绘制正圆，选取该圆，按 F8 键转换为图形元件，并取名为 light，如图 4-60 所示。

图 4-60　绘制圆形遮罩

步骤 6：新建一个图层，取名为 Shadow，绘制阴影，选择椭圆工具 ◯，按住 Shift 键，绘制一个正圆，并用选择工具 ▶ 选取该圆，打开混色器面板，选择"填充样式"为"放射状"，调整渐变定义栏中的指针，左边为黑色，右边为白色，然后选择任意变形工具 ▣，按住 Alt 键，上下对称挤压，然后选取该圆，按 Ctrl+D 组合键，复制一个圆，然后分别把它们放置到 QQ 下方和麦克风下方，如图 4-61 所示。

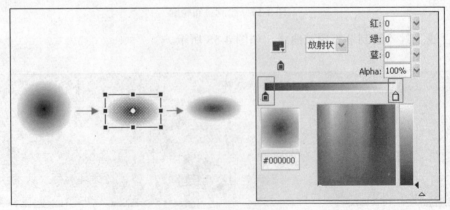

图 4-61（a）　阴影

1
chapter

2
chapter

3
chapter

4
chapter

5
chapter

6
chapter

7
chapter

1
module

2
module

3
module

4
module

图 4-61（b）　合成效果

步骤 7：新建一个图层，取名为 Background，绘制背景，在颜色栏中，设置笔触没有颜色 ，设置填充色为白色 ，用矩形工具 在舞台上拖拉一个矩形，足以覆盖舞台宽度大小。最后设置舞台背景色为黑色，图层排列次序如图 4-62 所示，舞台布局如图 4-63 所示。

图 4-62　新建图层并命名

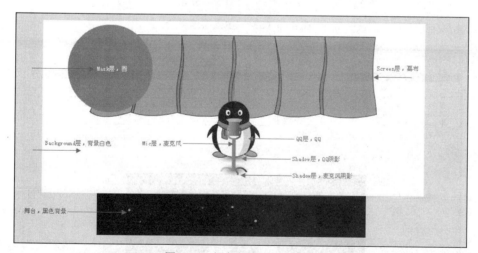

图 4-63　颜色与内容图层分布

步骤 8：单击 Mask 层，在第 30 帧处按 F6 键插入关键帧，把 light 实例拖到 QQ 处，并遮住 QQ。回到第 1 帧和第 30 帧区间，然后单击鼠标右键，选择"创建补间动画"，如图 4-64 所示。

步骤 9：右键单击 Mask 层，在快捷菜单中选择"遮罩层"，然后你会看到 Mask 层原先的图标 变成了 ，而 Mic 层原先的图标 变成了 ，表示 Mic 层被遮罩了，但是其他图层还未被遮罩，如何把其他图层加入到遮罩中呢？单击 QQ 层，拖到 Mic 前的 图标下即可，其他的也用同样的方式。然后把所有的图层都加上锁，最后如图 4-65 所示。

图 4-64　Mask 层第 30 帧插入关键帧并创建补间动画

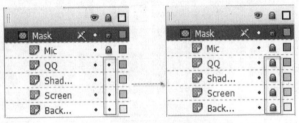

图 4-65（a）　多图层遮罩

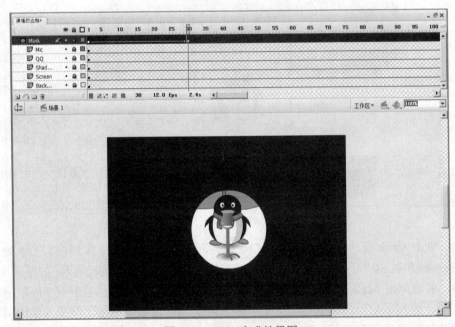

图 4-65（b）　完成效果图

步骤 10：按 Ctrl+Enter 组合键测试动画。

4.6　Flash 补间动画

Flash 可以创建两种类型的补间动画：动作补间动画和形状补间动画。

● 在动作补间动画中，在一个时间点定义一个实例、组或文本块的位置、大小和旋转等属性，然后在另一个时间点改变那些属性。也可以沿着路径应用补间动画，如图 4-66 所示。

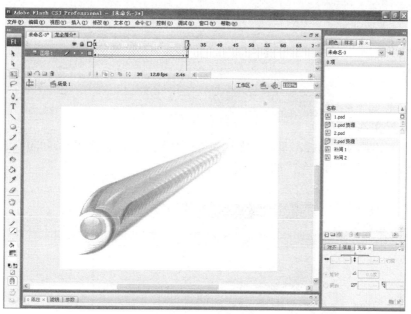

图 4-66　动作补间动画

● 在形状补间动画中，在一个时间点绘制一个形状，然后在另一个时间点更改该形状或绘制另一个形状。Flash 会内插二者之间的帧的值或形状来创建动画，如图 4-67 所示。

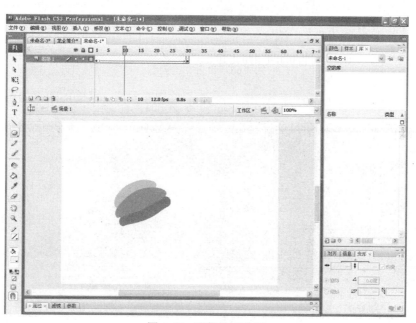

图 4-67　形状补间动画

1 chapter

2 chapter

3 chapter

4 chapter

5 chapter

6 chapter

7 chapter

1 module

2 module

3 module

4 module

- 补间动画是创建随时间变化的动画的一种有效方法，并且最大程度地减小所生成的文件大小。在补间动画中，Flash 只保存在帧之间更改的值。
- 要在一个文档中快速准备用于补间动画的元素，请将对象分散到各个层中。

实例操作：小车变卡车

1
chapter

2
chapter

3
chapter

4
chapter

5
chapter

6
chapter

7
chapter

1
module

2
module

3
module

4
module

案例要点：

本案例通过形状补间设置，制作基本的两个物体渐变动画效果。

操作步骤：

具体操作过程如下：

步骤 1： 新建文件。

步骤 2： 打开"属性"面板，单击"文档属性"按钮。修改舞台大小，"宽"设为 600，"高"设为 200，"背景颜色"设为灰色，如图 4-68 所示。

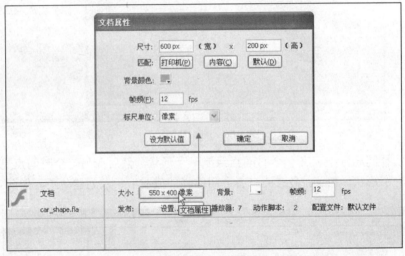

图 4-68　设置文档大小

步骤 3： 用直线工具 ╱ 和椭圆工具 ◯ 绘制一辆甲壳虫车轮廓，最终的效果如图 4-69 所示。

图 4-69　最终效果

　　甲壳虫车绘制过程如下：在舞台中，用直线工具 ✏ 和椭圆工具 ⬭ 绘制车的轮廓。可按下面的流程来绘制，如图 4-70 所示。

图 4-70　绘制过程

　　步骤 4：绘制完后，用选择工具 ▶ 选取车轮廓线，单击笔触颜色，选择笔触颜色为白色，为后面删除轮廓线做准备，如图 4-71 所示。

图 4-71　选取轮廓线

　　步骤 5：改变笔触颜色后，取消选取状态。然后用颜料桶工具 🪣 进行填充，填充色为黑色。再用选择工具 ▶ 双击或单击车轮廓线，然后按 Del 键，把车轮廓全部删除，如图 4-72 所示。

图 4-72　删除轮廓线

1 chapter

2 chapter

3 chapter

4 chapter

5 chapter

6 chapter

7 chapter

1 module

2 module

3 module

4 module

步骤 6：最后修改成全封闭的，不留空隙是为了让形变更流畅和更协调，如图 4-73 所示。

图 4-73　封闭空缺部分

步骤 7：在第 30 帧处插入空白关键帧，然后用矩形工具□、直线工具／和椭圆工具○绘制一辆卡车，方法同上面绘制甲壳虫车一样。当然你也可以用下面的方法绘制。最终效果如图 4-74 所示。

图 4-74　卡车最终效果图

卡车绘制过程如下：

1）选择矩形工具，先把"笔触颜色"设为"没有颜色"，然后"填充色"设为"黑色"，在舞台上绘制如图 4-75 所示矩形。

图 4-75　绘制矩形

2）用矩形工具绘制车头，先绘制一个矩形，然后用直线工具／切割右上角，再用鼠标单击右上角，按 Del 键，删除。双击直线，按 Del 键，删除。点住右上角的转角点，向左下角拖动，与前面的图形合成。

3）用上面相同的方法调整车头。如果图形太小，按 Ctrl++组合键可放大编辑区域，想要返回小图形，按 Ctrl+-组合键可缩小编辑区域。如果放大编辑区域后，找不到你要编辑的区域，可按住空格键，此时会出现一个手形图标 ，再按住鼠标左键拖动舞台，直到看到编辑区域，如图 4-76 所示。

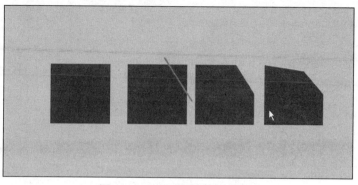

图 4-76（a）　绘制车头过程图

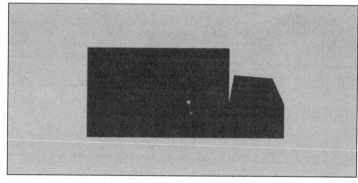

图 4-76（b）　卡车头与卡车身对位连接

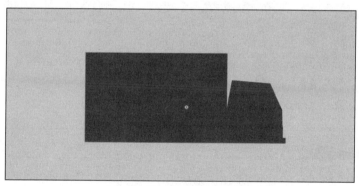

图 4-77（c）　绘制卡车地盘

4）用椭圆工具○绘制轮胎，先绘制一个圆，用选择工具▶选取上半个圆，按 Del 键，删除，留下半个圆。选取剩下的半个圆，按 Crtl+D 组合键复制一个半圆，然后与前面的图形合成，如图 4-77 所示。

步骤 8： 在第 1 帧和第 30 帧区间，单击，打开"属性"面板，在"补间"栏中选择"形状"，创建"形状补间"动画。在第 1 帧处，选取甲壳虫车，移动到舞台靠左边的位置，在第 30 帧处选取卡车图形，移动到舞台靠中间的位置，单击第 60 帧处，按 F6 键插入关键帧，在第 60 帧处选取卡车，移动到舞台靠右边的位置，然后创建"形状补间"动画。注意这里不能用"创建补间动画"命令，因为当前的卡车是形状而不是实例，如果使用"创建补间动画"命令就会出现虚线，如图 4-78 所示，则您的动画会创建失败。单击第 120 帧处，按 F5 键插入帧，补充时间，因为 Flash 动画在默认情况下是循环播放的，为了让动画在最后保持一段静止的时间，所以在这里需要补充它的时间，如图 4-79 所示。

1
chapter

2
chapter

3
chapter

4
chapter

5
chapter

6
chapter

7
chapter

1
module

2
module

3
module

4
module

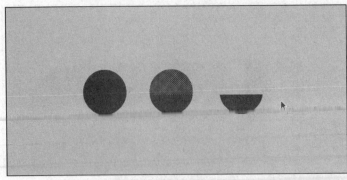

图 4-77（a）　绘制车轮

图 4-77（b）　完成效果图

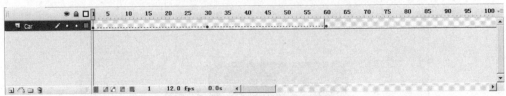

图 4-78　创建关键帧动画

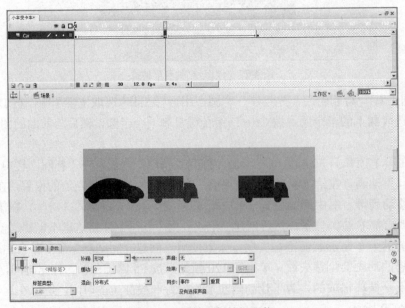

图 4-79　属性面板补间形状

步骤 9：按 Ctrl+Enter 组合键测试动画。

 本章小结

本章我们学习了小飞机飞行的位移动画、卡通人物走路的逐帧动画、蟑螂爬行的路径动画、演唱企鹅的遮罩动画，以及小车形状补间动画。通过学习要求掌握 Flash 动画基础知识，了解 Flash 动画的基本原理。

 课后任务

任务内容一：

课后练习任务			
任务名称	自定	任务内容名称	位移动画
制作时间	1 周	是否完成	
内容要求	1. 制作简单的小球下落位移动画 2. 要求小球下落自由落体缓冲自然		
成绩评定	□不合格（<60 分）　　□合格（≥60 分）　　□良好（≥80 分）		

任务内容二：

课后练习任务			
任务名称	自定	任务内容名称	逐帧动画
制作时间	1 周	是否完成	
内容要求	1. 制作走路逐帧动画 2. 动作自然流畅		
成绩评定	□不合格（<60 分）　　□合格（≥60 分）　　□良好（≥80 分）		

任务内容三：

课后练习任务			
任务名称	自定	任务内容名称	路径动画
制作时间	1 周	是否完成	
内容要求	1. 制做蝴蝶采花动画 2. 要求使用路径引导线		
成绩评定	□不合格（<60 分）　　□合格（≥60 分）　　□良好（≥80 分）		

任务内容四：

课后练习任务			
任务名称	自定	任务内容名称	遮罩动画
制作时间	1 周	是否完成	
内容要求	1. 制作月亮升起的动画 2. 要求月亮内部亮光发生变化		
成绩评定	□不合格（<60 分）　　□合格（≥60 分）　　□良好（≥80 分）		

1
chapter

2
chapter

3
chapter

4
chapter

5
chapter

6
chapter

7
chapter

1
module

2
module

3
module

4
module

1
chapter

2
chapter

3
chapter

4
chapter

5
chapter

6
chapter

7
chapter

1
module

2
module

3
module

4
module

任务内容五：

课后练习任务			
任务名称	自定	任务内容名称	补间动画
制作时间	1 周	是否完成	
内容要求	1．制作四个动物之间的形状变化动画 2．动物自选		
成绩评定	□不合格（<60 分）　　□合格（≥60 分）　　□良好（≥80 分）		

第5章
Flash 动画镜头表现

Chapter **5**

 本章导读

利用镜头是影视作品必不可少的表现形式，在 Flash 动画中，尤其是较正式的影片中，合理地利用镜头的各种语言，将对影片起到事半功倍的效果。

本章将从 Flash 动画的景别、Flash 动画镜头语言、Flash 动画镜头角度、Flash 动画的镜头衔接等内容讲解在制作影片当中常用到的远景、全景、中景、近景、特写、大特写；推、拉、摇、移、跟；俯拍、仰拍；淡出淡入、叠影、切镜等，以及在影片当中的使用方法。

 本章要点

- Flash 动画景别
- Flash 动画镜头语言
- Flash 动画镜头角度
- Flash 动画的镜头衔接

▌▌5.1　Flash 动画景别

在影视作品或者摄影摄像方面我们常常听到景别一词。它是指被拍摄物体和摄像机之间的距离大小。在 Flash 动画制作中景别也是非常重要的。

景别由物体和摄影机之间的距离大小决定。在设计镜头的时候，Flash 动画制作人员必须按照所摄视野范围的远近大小、整体与局部的关系来做一个简单分类。根据镜头的拍摄范围，一般分为 6 种常用类型：远景、全景、中景、近景、特写和大特写。下面分别介绍。

远景是摄影机摄取远距离景物和人物的一种画面。这种画面可使观众在银幕上看到广阔深远的景象，以展示角色活动的空间背景或环境气氛，如图 5-1 所示。

大远景比远景视距更远，适于展现更加辽阔深远的背景和浩渺苍茫的自然景色。这类镜头，或者没有人物，或者人物只占很小的位置，犹如中国的山水画，着重描绘环境的全貌，给人整体感觉，大远景在影片中主要用以介绍环境、渲染气氛。

全景是摄像机取人像全身的一种画面。这种画面可使观众看到人物的全身动作及其周围部分环境，如图 5-2 所示。

1
chapter

2
chapter

3
chapter

4
chapter

5
chapter

6
chapter

7
chapter

1
module

2
module

3
module

4
module

图 5-1　远景

图 5-2　全景

　　全景具有较广阔的空间，既能展示出比较完整的场景，又可使人物的整个动作和人物相互关系得到充分的展现。在全景中，人物与环境常常融为一体，能创造出有人有景的生动画面。

　　全景和特写相比，视距差别悬殊。如果两者直接组接，会造成视觉上和情绪上大幅度的跳跃。运用的好，常能收到特有的艺术效果。如果人物情绪的发展是跳跃的，景别的跳跃就可以很好地为塑造人物和渲染气氛服务。

　　中景是表现人像膝盖以上部位的一种画面。这种画面可显示人物大半身的形体动作，是影片镜头中数量较多的一种景别，常在叙述剧情时使用。中景镜头经常被放在远景镜头之后，如图 5-3所示。

　　中景的视距比远景近一些，能为角色提供较大的活动空间，既可以使观众看清人物表情，又有利于显示人物的形体动作。由于取景范围比较宽广，能在同一画面中拍摄几个人物及其活动，因此在展示人物关系上尤显便利。演员也不致因空间窄小而与周围气氛、环境脱节。中景在影片中，大部分用于需识别背景或交代动作路线的场合。其运用，不但可以加深画面的纵深感，表现出一定的环境、气氛，而且通过镜头的组接，还能把某一冲突的经过叙述得清清楚楚，揭示出人物的复杂关系和不同性格。

图 5-3　中景

近景是拍摄人物上半身或人体胸部以上形象的一种画面。这种画面能使观众看清人物的面部表情或某种形体动作，如图 5-4 所示。

图 5-4　近景

近景有时也摄取景物的某一部分。近景的视距比特写稍远，有些摄取人物腰部以上的镜头，又称为中近景。近景中，人物上半身活动和面部表情占据画面显著地位，成为主要表现对象。在影片中，为了强调人物表情和重要动作，常运用近景或中近景。近景和特写的作用有相似之处，即视距近，视觉效果鲜明、强烈，可对人物的容貌、神态、衣着、仪表作细致的刻画。

特写是拍摄人的面部、人体的局部、一件物品或物品的一个细部的镜头，特写镜头有很多变

1 chapter
2 chapter
3 chapter
4 chapter
5 chapter
6 chapter
7 chapter
1 module
2 module
3 module
4 module

种，但是最基本的特写镜头是以展示人物的肩膀到头顶的范围为主，如图 5-5 所示。

图 5-5　特写

　　动画片中的特写，是突出和强调细节的重要手段，它既可通过眼睛的顾盼、眉梢的挑动以及各种细微的动作和情绪的变化，揭示人物的心灵，也可把原来不易看清或容易忽视的细小东西加以突出、赋予生命，或借此刻画人物、烘托气氛，或用来介绍人物、时间和地点的特征。
一般来说，特写镜头比较短促，运用得当能使观众在时间、视觉和心理上产生强烈的反应。特别是当它与其他景别镜头结合起来，通过长短、远近、强弱的变化，能造成一种特殊的蒙太奇节奏效果。电影特写镜头是由美国早期电影导演 D.W.格里菲斯开始运用的。

　　大特写又称"细部特写"，是把拍摄对象的某个细部拍得占满整个画面镜头，取景范围更小，因此所表现的对象也被放得更大。这种明显的强调作用和突出作用，使大特写和特写一样，成为影片艺术独特的表现手段，具有极其鲜明、强烈的视觉效果。在一部影片中这类镜头如果太长、太多，也会减弱其独特的感染作用，如图 5-6 所示。

图 5-6　大特写

5.2　Flash 动画镜头运动语言

　　了解基本的镜头角度后，就可以通过镜头的运动，来获得更为灵活的视觉感受。静止的镜头固然可以表现出许多视觉印象要素，但运动的镜头则更能强化视觉上的观赏效果，并使观众产生更丰富的心理激荡。

　　摄影机是在立体的空间运动的，摄影机的动作类型可以分为两种：一种是移动，另一种是摇动。一般来说，摄影机运动的方向可以分为向前、向后、向上、向下、向左和向右。这样，摄影机的拍摄轨迹可以概括为推、拉、摇、移和跟 5 种，其他更丰富的摄影机运动类型，基本上是由这 5 种轨迹发展出来的。在 Flash 中可以通过舞台画面的运动来模拟各种镜头的运动。

　　下面就来认识一下各种镜头的运动。

　　画面中各个人物和物体背景不动，摄影机向前缓缓移动或急速推进的镜头。用推镜头，使屏幕或银幕的取景范围由大到小，画面里的次要部分逐渐被推移到画面之外，主体部分或局部细节逐渐放大，占满银幕，如图 5-7 所示。在景别上也由远景变为全、中、近景甚至特写。

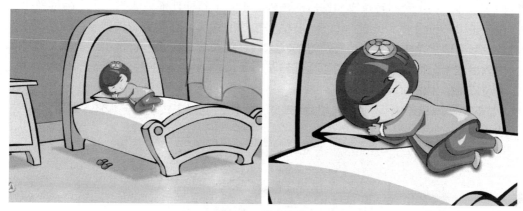

图 5-7　镜头变化

　　此种镜头的主要作用是突出主体，使观众的视觉注意力相对集中，视觉感受得到加强，造成一种审视的状态。它符合人们在实际生活中由远而近，从整体到局部，由全貌到细节的观察事物的视觉心理。这种推镜头可以让观众更深刻地感受画面中人物的内心活动，加强情绪气氛的烘托。

　　与推镜头的运动方向相反的是拉镜头。摄影机由近而远向后移动离开被摄对象，取景范围由小变大，被摄对象由大变小，与观众距离也逐步加大。画面的形象由少变多，由局部变化为整体。在景别上，由特写或近、中景拉成全景、远景。拉镜头的主要作用是交代人物所处的环境。这种拉镜头会造成人物即将到来的效果，以及和其他人物及环境的关系，营造一种宽广舒展的效果，同时是场景转换的机会。

　　摇镜头是摄影机的位置不作移动，借助于活动底盘使摄影机头上下、左右、甚至周围的旋转拍摄，有如人的目光顺着一定的方向对被摄对象巡视。摇镜头能代表人物的眼睛，看周围的一切。它在描述空间、介绍环境方面有独到的作用。左右横摇常用来介绍大场面，上下直摇常用来展示高大物体的雄伟、险峻。摇镜头在逐一展示、逐渐扩展景物时，有使观众身临其境的感觉。

　　（1）左右横摇。这个动作的拍摄效果模仿人类站立不动，头向两边摇动所获得的视觉效果。左右平摇，能起到介绍自然环境、渲染气氛和介绍人物的作用，还可以增加悬念。

　　在 Flash 中表现摇右镜头，可以画两张以摄影机为原点的透视图，分别表现为向前望视角与

1
chapter

2
chapter

3
chapter

4
chapter

5
chapter

6
chapter

7
chapter

1
module

2
module

3
module

4
module

向右望视角的景象，把图先后按顺序连接起来，过渡的地方稍加修饰，并转换为元件。然后让其在 Flash 舞台中向左横移，即可造成镜头右摇的效果，摇左镜头制作方法与此类似。

（2）上下直摇。摇镜头中的上下直摇，模仿人类站立不动，头上下摇动所获得的视觉印象。这种人类常见的视觉印象使观众产生主观意识，心理默认上下直摇视角代表的是己方视点。

上下直摇如果是一次性的单方向运动，又可分为向上摇动（摇上镜头）和向下摇动（摇下镜头）两种模式。

1）摇上镜头。摇上镜头是一种从平视镜头到仰视镜头的转换，甚至是从俯视镜头到仰视镜头的转换。这种摄像效果扩张了视觉对象的力度和压迫感，一般用于拍摄受敬仰的人物、声明远扬的宝物、宏伟壮观的高大建筑物或山岭等。

2）摇下镜头，摇下镜头和摇上镜头方向相反，是一种从上往下的镜头摇动。摇下镜头的视觉作用是随着镜头越往下摇，越减弱视觉对象的力度。

摇下镜头分为 3 种：从仰视变成平视，从平视变成俯视，从仰视变成俯视。

在 Flash 动画中实现镜头上下摇和镜头左右摇的做法类似。首先为目标对象先做几个视角的透视图；再把"仰视视角"和"俯视视角"3 张透视图组合成一张比舞台高度大的图，过渡的地方可以稍加修饰。将组合图转换成元件后，在舞台中上下移动便能造成镜头上下摇的效果。

移镜头是摄影机沿着水平方向作左、右横移拍摄的镜头。移镜头是机器自行移动，不必跟随被摄对象。它类似生活中的人们边看边走的状态。移镜头同摇镜头一样能扩大银幕二维空间映像能力，但因机器不是固定不变的，所以比摇镜头有更大的自由，它能打破画面的局限，扩大空间视野，表现广阔的生活场景。

在 Flash 中实现横移镜头，是通过移动舞台上元件的位置来实现的，如图 5-8 所示。

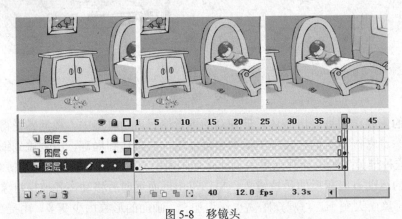

图 5-8　移镜头

上下位移镜头指的是镜头固定，而摄影机本身进行垂直位移所拍摄到的镜头效果，如图 5-9 所示。

图 5-9　上下位移镜头

　　摄影机从平摄慢慢地升起，形成高低拍摄，显示广阔的空间，可以以局部慢慢展示整体；反之，也可以从广阔的俯视全景下降到局部平摄。升降镜头大多用于场面的拍摄，它不仅能改变镜头新的视觉空间，而且有助戏剧效果和气氛渲染、环境介绍。它有连续性，又富于强烈的动感，使观众感觉到场面壮观、气势磅礴的效果。

　　跟镜头是镜头锁定在某个行动中的物体上，当这个物体移动时镜头也跟着移动，以便快速和详细地表现物体整个的活动情况。

　　由于跟镜头始终跟随运动着的主体，因此有特别强的穿越空间的感觉，适用于连续表现角色的动作、表情或细部的变化。

　　在 Flash 中表现跟镜头的方法是，把被锁定的对象放置于舞台的中心，然后背景从一端移到另一端，这种技巧被广泛应用于游戏制作，如图 5-10 所示。

1
chapter

2
chapter

3
chapter

4
chapter

5
chapter

6
chapter

7
chapter

1
module

2
module

3
module

4
module

图 5-10　跟镜头

　　景深是指在影片中三维空间的场景感觉。往往会把镜头当中的背景模糊，给人一种镜头对远景失去焦距的感觉，或者将画面中内容进行主次变化，将次要内容模糊，这种处理手法经常用到影片当中，如图 5-11 所示。

图 5-11　景深

1
chapter

2
chapter

3
chapter

4
chapter

5
chapter

6
chapter

7
chapter

1
module

2
module

3
module

4
module

5.3 Flash 动画镜头角度

摄影机与被摄对象所成的几何角度被称为镜头角度。了解镜头的拍摄角度，是处理好各种表现效果的基础条件。一般来说，镜头角度大体有俯视镜头、平视镜头、仰视镜头等。角瞰镜头是一种以鸟儿在高空飞翔的位置，向下俯瞰的角度所摄取的镜头，即从被拍摄物的正上方直接摄取的镜头，如图 5-12 所示。

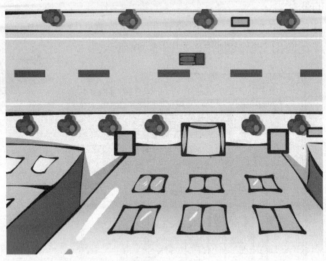

图 5-12　俯视

俯视镜头是指摄影机高于被摄主体水平线，向下拍摄被摄对象所获取的镜头。这种拍摄方式称为俯拍，所摄画面是一种自上往下、由高到低的俯视的效果，可以使观众对画面中的场景及人物情况一目了然。俯视镜头通常表达深远、辽阔的场景，具备表现画面景物层次、交代环境位置及远近距离的镜头优势。

平视镜头是指摄影机与被摄主体在同一水平线上，与人眼等高的高度进行拍摄所获取的镜头，被摄对象不易变形，给人平等、客观、公平的视觉感受。平视镜头在普通的场景中经常使用，显得干净利索，但一味使用就会缺少变化，画面效果容易平淡、呆板，如图 5-13 所示。

图 5-13　平视镜头

仰视镜头是指摄影机低于被摄主体的水平线，向上拍摄被摄对象所获取的镜头。这种拍摄方式称为仰拍。仰拍的画面表现为从下往上、由低向高的仰视效果，仰视镜头中形象主体显得高大、挺拔，具有权威性，视觉重量感比正常平视要大，画面带有赞颂、敬仰、自豪和骄傲等感情色彩。因此仰视镜头常用来表现崇高、庄严的气氛和场景，有一锤定音之感。但仰拍太多，看的人容易累，也不容易懂，如图 5-14 所示。

图 5-14　仰视镜头

5.4　Flash 动画的镜头切换

一部动画片是由很多镜头组接而成的，它使故事情节的一切细节鲜明有力地表现出来。一个镜头画面总是会在持续一段时间后结束，继之以另外的一个镜头画面开始。这两个镜头的组接，中间的断点总是可以明显感觉到的。如何使不同内容的镜头画面相连接，并构成一个完整的动作或概念，使得动画片的内容和情节的发展更合乎生活的逻辑和艺术的节奏，这就需要 Flash 动画制作人员掌握影片中表现时间和空间转换的技巧，即镜头组接技巧，如切入切出、化出化入、淡入淡出、划入划出和圈入圈出等。

用于影片中从前一个镜头直接转换到后一个镜头。是将前后两个不同画面的镜头，不加技巧地首尾衔接起来，使前一个镜头画面刚一结束，后一个镜头画面迅速出现，以此收到对比强烈、节奏紧凑的效果，如图 5-15 所示。

图 5-15　切镜头

1
chapter

2
chapter

3
chapter

4
chapter

5
chapter

6
chapter

7
chapter

1
module

2
module

3
module

4
module

1
chapter

2
chapter

3
chapter

4
chapter

5
chapter

6
chapter

7
chapter

1
module

2
module

3
module

4
module

"切入切出"一般又称为"切"。在各种镜头技巧中，切是最简单最常见的。凡是内容上紧密联系的两个镜头直接衔接在一起，都叫做切。前一个镜头叫"切出"，后一个镜头叫"切入"。在艺术上，"切"具有简洁、明快的特点，能够增强影片的节奏和叙述的流畅。切的方法，可以变换视点，延缓感觉。一个个镜头连续不断、毫无间隙地组合在一起，产生一种递进作用，形成独特的视觉叙述方式。随着镜头的切入切出，观众感到自己的视线仿佛发生了变化，忽而注视这个对象，忽而注视那个对象，忽左忽右，忽远忽近，从视点的不断变换中，逐渐接近表现对象，从而获得对它的全面了解。这种镜头的直接转换，不但可以省略许多不必要的过程，相应地增加了影片容量，而且还可用来准确划分出场面和段落的界线，使它们的联系更为密切，起到承上启下的作用。

叠镜又称叠化，采用在前一个画面逐渐淡化消失的同时，后一个画面逐渐显露出来（化入）并相互叠在一起的方法。运用这种方法，可使一个场景徐徐过渡到另一个场景，造成前后互相联系的感觉，省略某些无须表现的繁琐过程。根据内容需要，其速度可快可慢。它既表示前后镜头之间的间隔，又表示它们之间的密切联系。这种镜头组接方法，比较含蓄委婉，往往寓有深意。两个镜头有一部分叠合在一起，使人感到后一事物是从前一事物中产生或发展出来的，因此具有对比、象征、比喻和讽刺等作用，如图 5-16 所示。

图 5-16　叠化处理

淡出淡入指镜头画面的渐显、渐隐。画面由亮转暗，以至完全隐没，这个镜头的末尾叫淡出，也叫渐隐；画面由暗变亮，最后完全清晰，这个镜头的开端叫淡入，又叫渐显。

淡出淡入是动画片中表示时间、空间转换的一种技巧。淡入一般用于动画片开始的第一个镜头，即全片和一集的开始。淡出用于全片结束的最后一个镜头，即全片或一集的结束，也可用于大收场结束。"淡"本身不是一个镜头，也不是一个画面，它所表现的不是形象本身，而只是画面渐隐渐显的过程。它节奏舒缓，具有抒情意味，能够造成富有表现力的气氛。

淡入是采用黑屏和镜头画面渐渐显出来而进行镜头组接，而淡出则是采用镜头画面渐渐淡化及用黑屏组接，如图 5-17 所示。

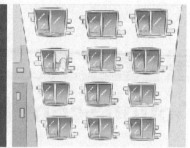

图 5-17　淡入

在所有画面的上方绘制一个黑色的矩形，覆盖整个画面，并转换图形元件；在结束位置插入关键帧后，将实例的透明度设置为 0，然后在开始帧与结束帧之间创建补间动画即可。

 本章小结

通过本章的学习我们了解了 Flash 动画应用到的景别、Flash 动画镜头语言、Flash 动画镜头角度、Flash 动画镜头衔接，充分利用影视基础的镜头表现是动画成败的重要内容，只有从基础做起，打好动画的根基，我们的项目制作才能得以顺利而且完美进行。

 课后任务

任务内容一：

课后练习任务			
任务名称	自定	任务内容名称	图片制作镜头表现动画
制作时间	1 周	是否完成	
内容要求	1. 找几张图片根据本章所讲内容制作简单动画 2. 充分体现镜头语言 3. 镜头转折自然流畅		
成绩评定	□不合格（<60 分）　　□合格（≥60 分）　　□良好（≥80 分）		

1 chapter
2 chapter
3 chapter
4 chapter
5 chapter
6 chapter
7 chapter
1 module
2 module
3 module
4 module

第 6 章

ActionScript 常用语句及应用

Chapter 6

 本章导读

ActionScript（动作脚本）是指在 Flash 中开发应用程序时所使用的语言，是在播放影片时指示影片执行某些任务的命令，不必使用动作脚本就可以使用 Flash，但是，如果要与用户产生交互性、想控制舞台上的对象（例如按钮和影片剪辑）或者令 SWF 文件更适合于用户使用，可能要使用动作脚本。本章将从 Flash Action Script 基础出发，以实例进行由浅入深的讲解。

 本章要点

- 动作面板
- 设计交互的 Flash 动画
- 按钮处理事件

▌6.1 "动作"面板

6.1.1 关于"动作"面板

在将动作脚本代码嵌入到 FLA 文件中时，可以将代码附加到帧和对象。尽可能尝试将嵌入的动作脚本附加到时间轴的第 1 帧。这样，就不必搜索 FLA 文件来找到所有代码，代码将集中放置于一个位置上。创建一个名为"动作"的层并将代码放置于该层上。这样，即使确实将代码放置于其他帧上或将代码附加到对象，也只需在一层上进行查找就可以找到所有代码。

在使用"动作"面板时，在面板右侧的"脚本"窗口中键入代码。为了减少不得不做的键入工作量，还可以从"动作"工具箱中将动作选到或拖到"脚本"窗口中。

- 要显示"动作"面板，如图 6-1 所示，请执行以下操作之一：
  - ➤ 选择"窗口"→"开发面板"→"动作"。
  - ➤ 按下 F9 键。

6.1.2 为帧指定动作

要使影片在播放头到达时间轴中的一帧时执行某项动作，应为该帧指定一项动作。例如，要在时间轴的第 20 帧和第 10 帧之间创建一个循环，应向第 20 帧添加将播放头发送给第 10 帧的动作，如下所示：

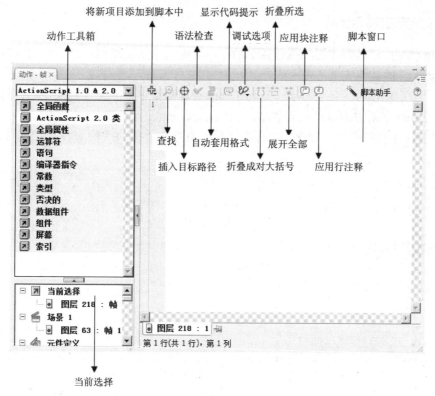

图 6-1　"动作"面板

gotoAndPlay (10);

有些动作通常指定给影片的第 1 帧，例如，定义函数和设置创建影片初始状态的动作。通常，可为第 1 帧指定影片开始时要执行的任何动作。

（1）选择时间轴中的关键帧，然后选择"窗口"→"动作"或按下 F9 键。 如果选定的帧不是关键帧，动作将被指定给前一个关键帧。

（2）要使用 Flash 提供的动作，请执行以下操作之一：

● 单击"动作"工具箱（在"动作"面板的左侧）中的文件夹来打开它，双击某个动作将其添加到脚本窗格（在面板的右侧）中。

● 从"动作"工具箱中把动作拖到脚本窗格中。

● 单击添加（+）按钮并从弹出菜单中选择一个动作。

（3）要自己定义动作，请在脚本窗口中直接输入。

（4）要指定其他的动作，重复步骤（2）和步骤（3）。

（5）具有动作的帧在时间轴中显示一个小 a，如图 6-2 所示。

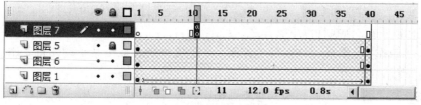

图 6-2　添加动作的帧

（6）按 Ctrl+Enter 组合键，测试帧动作。

1 chapter

2 chapter

3 chapter

4 chapter

5 chapter

6 chapter

7 chapter

1 module

2 module

3 module

4 module

6.1.3 为按钮指定动作

在单击或滑过按钮时要让影片执行某个动作，可为按钮指定动作。必须将动作指定给按钮的一个实例；该元件的其他实例不受影响。

当为按钮指定动作时，必须将动作嵌套在 on 处理函数中，并指定触发该动作的鼠标或键盘事件。也可用 Button 对象的事件执行脚本。

（1）选择一个按钮实例，如果"动作"面板没有打开，按 F9 键打开，如图 6-3 所示。

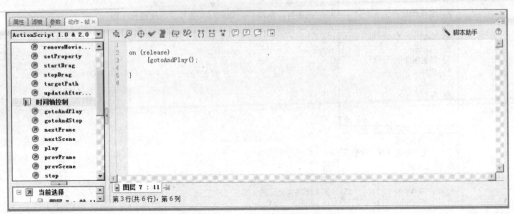

图 6-3　为按钮添加脚本

（2）要指定动作，请执行以下操作之一：

- 单击"动作"工具箱（在面板的左侧）中的文件夹，双击某个动作将其添加到脚本窗口（在面板右侧）中。
- 把动作从"动作"工具箱拖到脚本窗格中。
- 单击添加（+）按钮，然后从弹出菜单中选择一项动作。

（3）要自己定义动作，请在脚本窗口中直接输入。

（4）要指定其他的动作，重复步骤（2）和步骤（3）。

（5）按 Ctrl+Enter 组合键，测试按钮动作。

6.1.4 为影片剪辑指定动作

通过为影片剪辑指定动作，可在影片剪辑加载或接收到数据时让影片执行动作。必须将动作指定给影片剪辑的一个实例；元件的其他实例不受影响。

当为影片剪辑指定动作时，必须将动作嵌套在 onClipEvent 处理函数中，并指定触发该动作的剪辑事件。当在标准模式下为影片剪辑指定动作时，将自动插入 onClipEvent 处理函数。可从列表中选择事件。也可用 MovieClip 对象和 Button 对象的事件来执行脚本。

（1）选择一个影片剪辑实例，如果"动作"面板没有打开，按 F9 键打开，如图 6-4 所示。

（2）要指定动作，请执行以下操作之一：

- 单击"动作"工具箱（在面板的左侧）中的文件夹，双击某个动作将其添加到脚本窗口（在面板右侧）中。
- 把动作从"动作"工具箱拖到脚本窗格中。
- 单击添加（+）按钮，然后从弹出菜单中选择一项动作。

（3）要自己定义动作，请在脚本窗口中直接输入。

图 6-4　打开"动作"面板

（4）要指定其他的动作，重复步骤（2）和步骤（3）。

（5）按 Ctrl+Enter 组合键，测试按钮动作。

6.2　设计交互的 Flash 动画

Flash 动画的特征之一就是能够制作交互的动画，把"交互"理解为相互之间行为的给予和接受，就比较简单了。即用户不仅能欣赏，而且还能直接或是间接参与到动画中去。下面我们将具体制作几个实例来理解这个概念。

在单击或滑过按钮时要让按钮产生动画效果，可以在按钮的"指针经过"帧上放置一个影片剪辑实例，或者在影片剪辑内部放置按钮，通过按钮的性质调用动作脚本来控制影片剪辑的播放或停止。

实例操作一：制作鼠标特效一

案例要点：

本案例通过制作鼠标特效，掌握鼠标特效动画制作完成的基本方法。

操作步骤：

● 创建一个按钮

● 创建一个影片剪辑

● 把按钮导入影片剪辑

具体的制作过程如下：

步骤 1：打开"文件"→"新建"命令，创建新文件。

步骤 2：按 Ctrl+F8 组合键创建元件，选取"按钮"行为，取名 Button，在 Button 按钮元件编辑模式下，单击"单击"帧，按 F6 键插入关键帧，用椭圆工具〇，按住 Shift 键，绘制一个笔触为没有颜色的正圆，如图 6-5 所示。

步骤 3：按 Ctrl+F8 组合键创建元件，选取"影片剪辑"类型，取名 Cool mouse，在 Cool mouse 影片剪辑元件编辑模式下，保留第 1 帧为空帧，单击第 2 帧，按 F6 键插入关键帧，用椭圆工具〇，按住 Shift 键，绘制一个填充色为没有颜色的正圆轮廓，如图 6-6 所示。

1 chapter

2 chapter

3 chapter

4 chapter

5 chapter

6 chapter

7 chapter

1 module

2 module

3 module

4 module

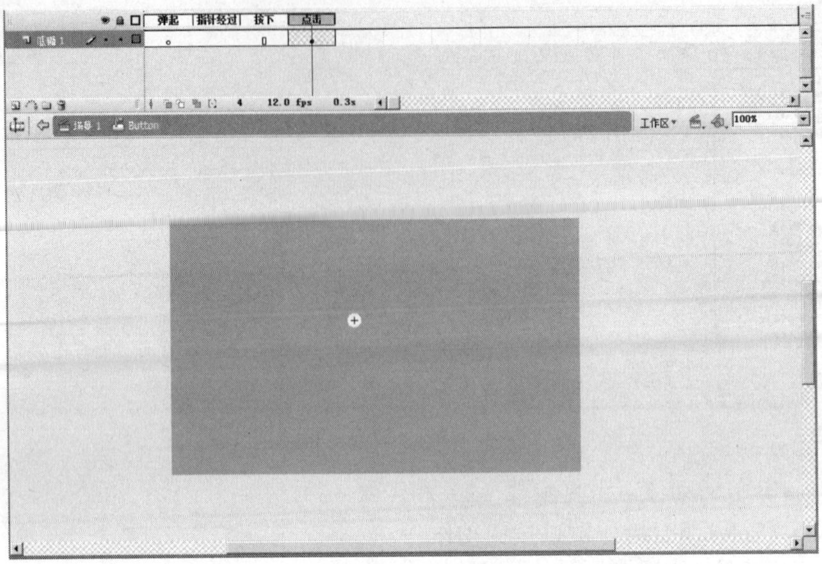

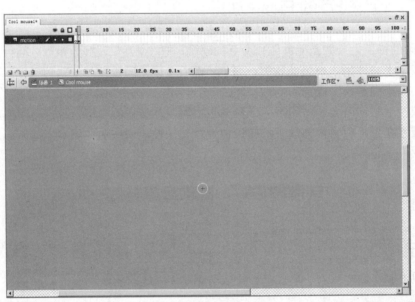

图 6-5　绘制正圆

图 6-6　创建新元件绘制圆

步骤 4： 单击第 15 帧，按 F6 键插入关键帧，用任意变形工具 ，按住 Alt+Shift 组合键，放大正圆轮廓，如图 6-7 所示。

步骤 5： 选取第 15 帧的正圆轮廓，打开菜单"修改"→"形状"→"将线条转换为填充"，因为线条是不能改变透明度的，如图 6-8 所示。

步骤 6： 选取第 15 帧的正圆轮廓，打开混色器面板，在 Alpha 栏中输入 0%，如图 6-9 所示。

步骤 7： 选取第 2 帧的正圆轮廓，打开菜单"修改"→"形状"→"将线条转换为填充"，因为我们要做形状补间动画，单击第 2 帧和第 15 帧区间，打开"属性"面板，在"补间"栏中选择"形状"，创建形状补间动画，如图 6-10 所示。

步骤 8： 新建图层，取名为 hotarea，打开库，选取 Button 按钮元件，拖到 Cool mouse 影片剪辑中，对准注册点，在 hotarea 层，单击第 2 帧，按住 Shift 键，单击第 15 帧，右击第 2 帧和第 15 帧区间，在快捷菜单中选择"删除帧"，如图 6-11 所示。

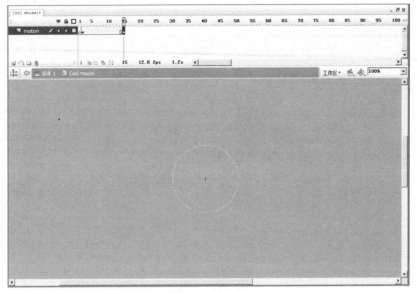

图 6-7　放大圆

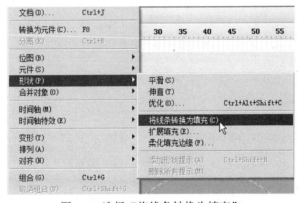

图 6-8　选择"将线条转换为填充"

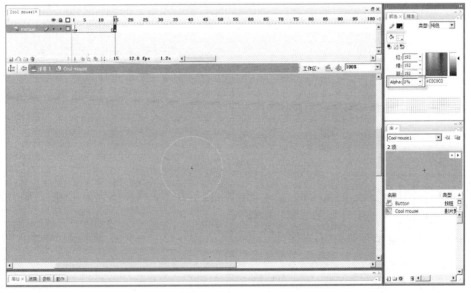

图 6-9　第 15 帧圆透明度改为"0"

1
chapter

2
chapter

3
chapter

4
chapter

5
chapter

6
chapter

7
chapter

1
module

2
module

3
module

4
module

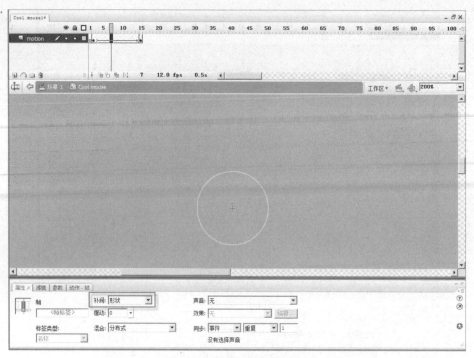

图 6-10   创建形状补间动画

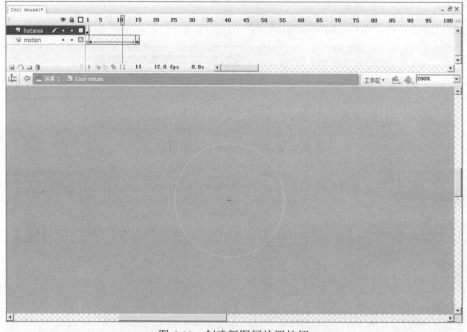

图 6-11   创建新图层放置按钮

步骤 9： 新建图层，取名为 action，用上面同样的方法删除第 2 帧到第 15 帧，单击第 1 帧，按 F9 键，打开"动作"面板，在脚本窗口中输入 stop();语句，如图 6-12 所示。

步骤 10： 选取 Button 按钮实例，打开动作面板，如图 6-13 所示，在脚本窗口中输入如下代码：

```
on(rollOver){
gotoAndPlay(2);
}
```

//这段代码是指鼠标经过按钮的时候，让播放头跳到第 2 帧播放。

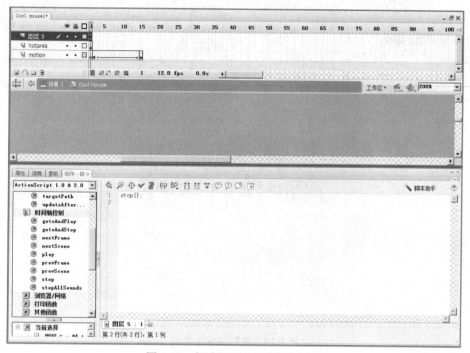

图 6-12　新建图层在帧上添加脚本

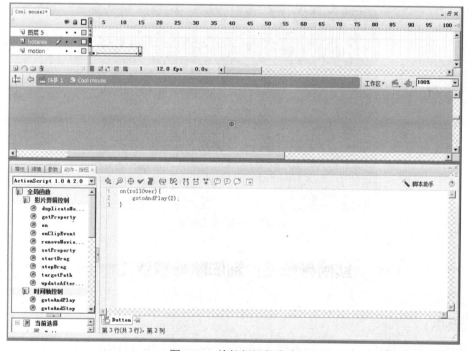

图 6-13　给按钮添加脚本

步骤 11：回到场景 1 编辑模式下，打开库，选取 Cool mouse 影片剪辑元件，拖到舞台上，并移动到舞台的左上角，保持 Cool mouse 影片剪辑实例被选取的状态，按 Ctrl+D 组合键重制（重制与复制类似，只是多了一个粘贴的步骤）Cool mouse 影片剪辑实例，用同样的方式重制多个并且对它们进行排列，直到覆盖整个舞台，如图 6-14 所示。

1 chapter

2 chapter

3 chapter

4 chapter

5 chapter

6 chapter

7 chapter

1 module

2 module

3 module

4 module

1
chapter

2
chapter

3
chapter

4
chapter

5
chapter

6
chapter

7
chapter

1
module

2
module

3
module

4
module

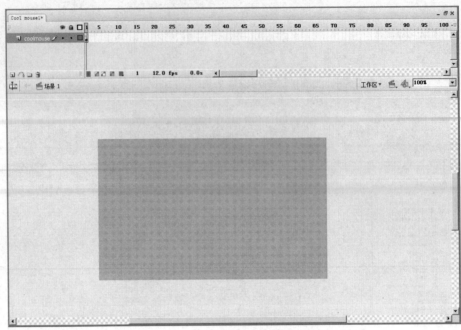

图 6-14　复制满整个舞台

步骤 12： 按 Ctrl+Enter 组合键测试动画，如图 6-15 所示。

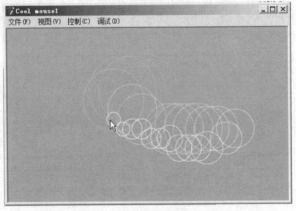

图 6-15　鼠标测试效果

实例操作二：制作鼠标特效二

案例要点：

本案例通过制作鼠标特效，掌握鼠标特效动画制作完成的基本方法。

操作步骤：

- 创建一个按钮
- 创建两个影片剪辑
- 把按钮导入影片剪辑

　　具体的制作过程如下：

　　步骤 1：打开"文件"→"新建"命令，创建新文件。

　　步骤 2：按 Ctrl+F8 组合键创建元件，选取"按钮"类型，取名 Button，在 Button 按钮元件
编辑模式下，单击"单击"帧，按 F6 键插入关键帧，用椭圆工具 ◯，按住 Shift 键，绘制一个笔
触为没有颜色的正圆，如图 6-16 所示。

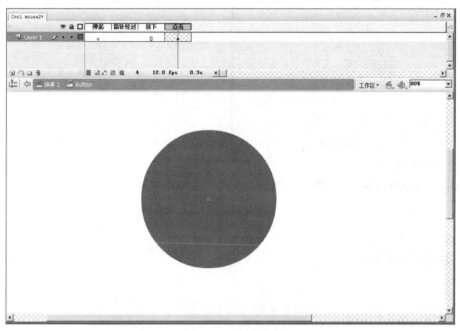

图 6-16　绘制正圆

　　步骤 3：按 Ctrl+F8 组合键创建元件，选取"影片剪辑"行为，取名 mvcolor，在 mvcolor 影
片剪辑元件编辑模式下，用椭圆工具 ◯，按住 Shift 键，绘制一个笔触为没有颜色的正圆，保持正
圆被选取的状态，打开混色器面板，选择填充样式为放射状，左边的指针设置为蓝色，右边的指
针设置为白色，选取右边的指针，在 Alpha 栏中输入 0%，如图 6-17 所示。

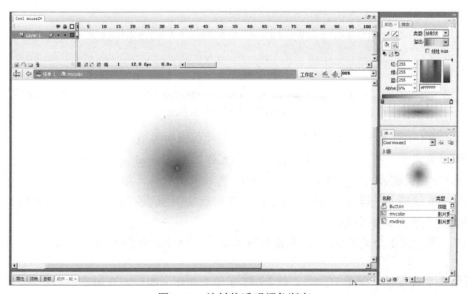

图 6-17　放射状透明颜色渐变

1 chapter

2 chapter

3 chapter

4 chapter

5 chapter

6 chapter

7 chapter

1 module

2 module

3 module

4 module

1
chapter

2
chapter

3
chapter

4
chapter

5
chapter

6
chapter

7
chapter

1
module

2
module

3
module

4
module

步骤 4：用同样的方式分别在第 10 帧和第 20 帧处制作两个放射状的图形，为了让动画更丰富一些，最好大小有所变化，如图 6-18 所示。

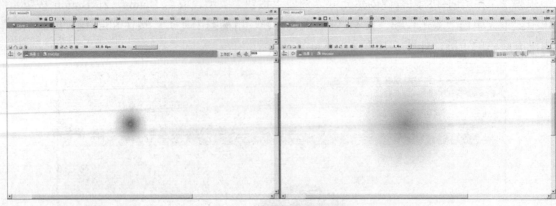

图 6-18　创建动画变化效果

步骤 5：分别在第 1 帧、第 10 帧区间和第 10 帧、第 20 帧区间创建形状补间动画，如图 6-19 所示。

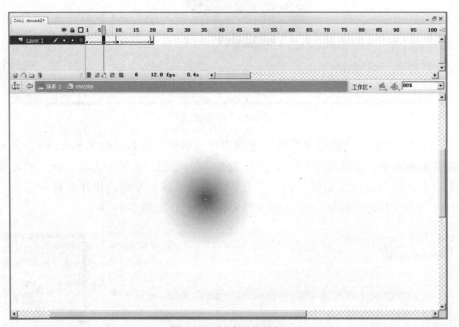

图 6-19　创建形状补间

步骤 6：按 Ctrl+F8 组合键创建元件，选取"影片剪辑"类型，取名 mvdrop，在 mvdrop 影片剪辑元件编辑模式下，打开库，选取 Button 按钮元件，拖到 mvdrop 影片剪辑中，单击第 2 帧，按 F7 键创建空白关键帧，打开库，选取 mvcolor 影片剪辑元件，拖到 mvdrop 影片剪辑中，单击第 50 帧，按 F6 键插入关键帧，选取 mvcolor 影片剪辑实例拖动到底部，在第 2 帧和第 50 帧区间创建补间动画，如图 6-20 所示。

步骤 7：单击第 1 个关键帧，按 F9 键打开"动作"面板，在脚本窗口中输入：

```
stop();
```

单击第 3 个关键帧（即第 50 帧），按 F9 键打开"动作"面板，在脚本窗口中输入：

```
gotoAndStop(1);
```

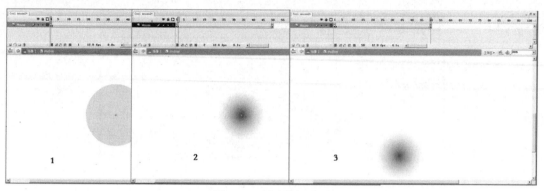

图 6-20　创建补间动画

如图 6-21 所示。

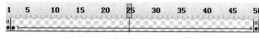

图 6-21　关键帧上添加脚本

步骤 8： 单击第 1 个关键帧，选取 Button 按钮实例，在脚本窗口中输入：

```
on (rollOver) {
    gotoAndPlay(2);
}
```

//这段代码是指鼠标经过按钮的时候，让播放头跳到第 2 帧播放。

步骤 9： 回到场景 1 编辑模式下，从库中拖出 **mvdrop** 影片剪辑元件到舞台上，然后重制 mvdrop 影片剪辑实例，并用任意变形工具 调整它们的大小，然后随意排列它们的位置，最后如图 6-22 所示。

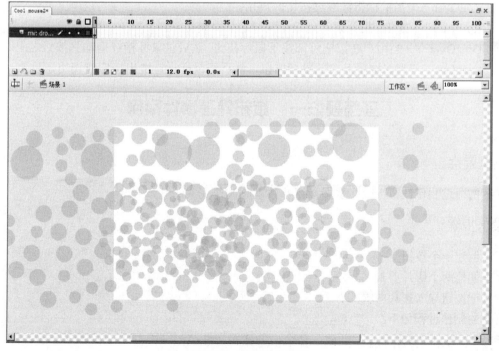

图 6-22　在场景中复制

步骤 10： 按 Ctrl+Enter 组合键，测试影片，如图 6-23 所示。

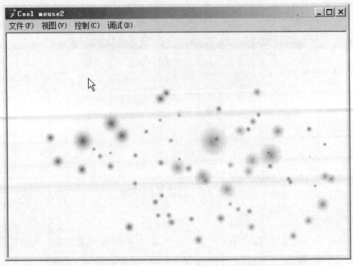

图 6-23   鼠标测试效果

6.3   按钮处理事件

按钮处理事件分为七大类型：

- Press——在鼠标指针位于按钮上方的情况下，按下鼠标按钮时调用。
- Release——在鼠标指针位于按钮上方的情况下，释放鼠标按钮时调用。
- RelaseOutside——在鼠标指针位于按钮内部的情况下按下按钮，然后将鼠标指针移到该按钮外部并释放鼠标按钮。
- RollOver——当鼠标指针滚过按钮时调用。
- RollOut——当鼠标指针滚动到按钮区域之外时调用。
- DragOver——当用户在按钮外部按下鼠标按钮，然后将鼠标指针拖动到按钮之上时调用。
- DragOut——当在按钮上按下鼠标按钮，然后将鼠标指针滑出按钮时调用。

实例操作一：按钮处理事件案例

案例要点：

本案例通过制作按钮特效，掌握按钮特效动画制作完成的基本方法。

操作步骤：

- 创建一个按钮
- 创建两个影片剪辑
- 把按钮导入影片剪辑

具体的制作过程如下：

步骤 1： 打开"文件"→"新建"命令，创建新文件。

步骤 2： 设置舞台属性。

步骤 3： 修改层名为 Clip，创建一个简单动画，如图 6-24 所示。

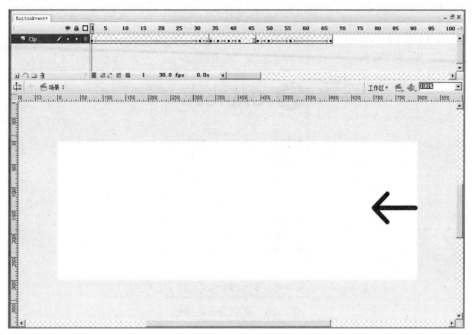

图 6-24　箭头动画

步骤 4：创建按钮元件，取名为 Play，如图 6-25 所示。

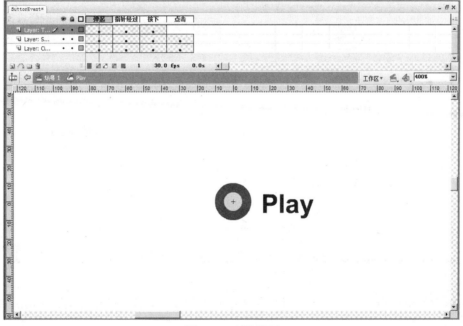

图 6-25　制作按钮

　　步骤 5：在库中选取 Play 按钮元件，右击，在快捷菜单中选择"复制"，复制的按钮取名为 OnPress，并修改按钮中的文字内容为 OnPress，用同样的方式复制出 onRelease、onRelaseOutside、onRollOver、onRollOut、onDragOver 和 onDragOut 按钮元件，如图 6-26 所示。

　　步骤 6：回到场景 1 编辑模式，新建图层，取名为 Btn，然后把库中的所有按钮元件都拖到舞台上，最后舞台布置如图 6-27 所示。

1 chapter

2 chapter

3 chapter

4 chapter

5 chapter

6 chapter

7 chapter

1 module

2 module

3 module

4 module

图 6-26　复制重命名按钮

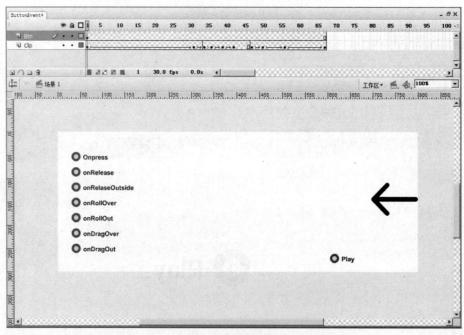

图 6-27　布置舞台

步骤 7：分别选取舞台中除 play 按钮实例外所有按钮实例，然后打开"动作"面板，在 OnPress 按钮中输入：

```
on (press) {
    stop();
}
```

//这段代码是指鼠标按下按钮的时候，让播放头停止在当前帧。

在 OnRelease 按钮中输入：

```
on (release) {
    stop();
}
```

//这段代码是指鼠标按下并且释放按钮的时候，让播放头停止在当前帧。

在 OnReleaseOutside 按钮中输入：

```
on (releaseOutside) {
    stop();
}
```

//这段代码是指鼠标按下并且在按钮外释放的时候，让播放头停止在当前帧。

在 OnRollOver 按钮中输入：

```
on (rollOver) {
    stop();
}
```

//这段代码是指鼠标经过按钮的时候，让播放头停止在当前帧。

在 OnRollOut 按钮中输入：

```
on (rollOut) {
    stop();
}
```

//这段代码是指鼠标经过按钮并且从按钮区离开后，让播放头停止在当前帧。

在 OnDragOver 按钮中输入：

```
on (dragOver) {
    stop();
}
```

//这段代码是指在按钮外部按下鼠标按钮，然后将鼠标指针拖动到按钮之上时，让播放头停止在当前帧。

在 OnDragOut 按钮中输入：

```
on (dragOut) {
    stop();
}
```

//这段代码是指在按钮上按下鼠标按钮，然后将鼠标指针滑出按钮时，让播放头停止在当前帧。

步骤 8：选取 play 按钮实例，然后打开"动作"面板，输入：

```
on (release) {
    play();
}
```

//这段代码是指在按钮上按下并且释放时，让播放头从当前帧开始播放。

步骤 9：按 Ctrl+Enter 组合键测试。

实例操作二：制作变脸的男孩

案例要点：

本案例通过制作变脸男孩，进一步学习按钮事件在其他方面的使用方法。

操作步骤：

- 绘制男孩
- 将帽子和嘴转换为按钮
- 给按钮添加动作脚本

具体的制作过程如下：

步骤 1：打开"文件"→"新建"命令，创建新文件。

步骤 2：在舞台上绘制男孩图形，同时绘制两张嘴和两顶帽子，然后把它们分散到图层，如图 6-28 所示。

1 chapter

2 chapter

3 chapter

4 chapter

5 chapter

6 chapter

7 chapter

1 module

2 module

3 module

4 module

图 6-28　绘制小孩、嘴、帽子

步骤 3：在舞台上分别选取帽子和嘴，按 F8 键分别将它们转换为按钮并取相应的名字为 hat1，hat2，mouse1，mouse2，如图 6-29 所示。

图 6-29　将帽子、嘴转换为按钮

步骤 4：在舞台上分别选取这些按钮实例，打开"属性"面板，在"实例名称"栏中分别输入相应的名字：hat1，hat2，mouse1，mouse2，然后在"动作"面板中分别输入代码。

在 hat1 按钮实例中输入：

```
on(press){
```

```
    startDrag("hat1");
}
on(release){
    stopDrag();
}
```

在 hat2 按钮实例中输入：

```
on(press){
    startDrag("hat2");
}
on(release){
    stopDrag();
}
```

在 mouse1 按钮实例中输入：

```
on(press){
    startDrag("mouse1");
}
on(release){
    stopDrag();
}
```

在 mouse2 按钮实例中输入：

```
on(press){
    startDrag("mouse2");
}
on(release){
    stopDrag();
}
```

如图 6-30 所示。

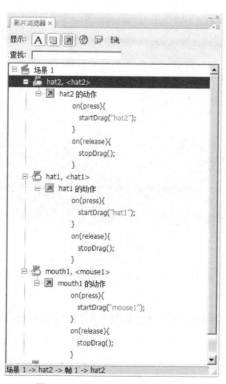

图 6-30　打开影片浏览器查看

实例操作三：变色的衣服

案例要点：

在这个案例中我们将接触到 Flash 中与颜色相关的知识以及构造函数 new Color()的使用方法。

操作步骤：

● 创建一个按钮

● 创建一个影片剪辑

具体的制作过程如下：

步骤 1： 打开"文件"→"新建"命令，创建新文件。

步骤 2： 按 Ctrl+F8 组合键创建一个按钮元件，取名为 Switch，用矩形工具 □ 绘制一个方形，如图 6-31 所示。

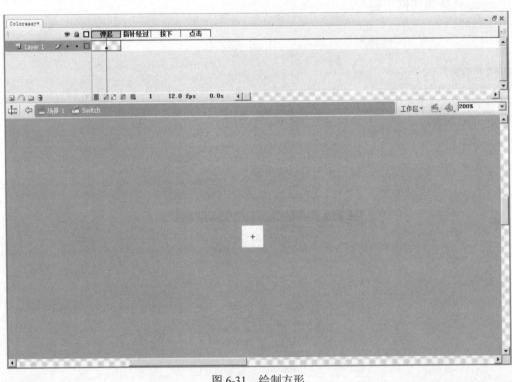

图 6-31 绘制方形

步骤 3： 按 Ctrl+F8 组合键创建一个图形元件，用来修饰按钮的阴影，取名为 switch shadow，绘制如图 6-32 所示。

步骤 4： 按 Ctrl+F8 组合键创建一个图形元件，用来修饰按钮的边框，取名为 Switch border，绘制如图 6-33 所示。

步骤 5： 按 Ctrl+F8 组合键创建一个影片剪辑元件，绘制衬衣，取名为 shirt，绘制如图 6-34 所示。

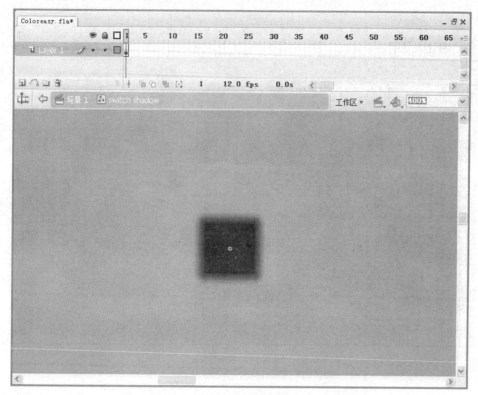

图 6-32　绘制阴影

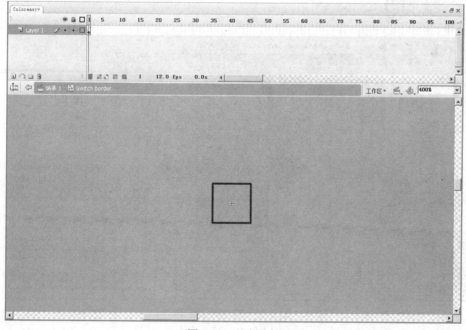

图 6-33　绘制边框

　　步骤 6：按 Ctrl+F8 组合键创建一个图形元件，绘制衬衣阴影，取名为 shirt shadow，绘制如图 6-35 所示。

　　步骤 7：按 Ctrl+F8 组合键创建一个图形元件，绘制衬衣细节，取名为 shirt details，绘制如图 6-36 所示。

1
chapter

2
chapter

3
chapter

4
chapter

5
chapter

6
chapter

7
chapter

1
module

2
module

3
module

4
module

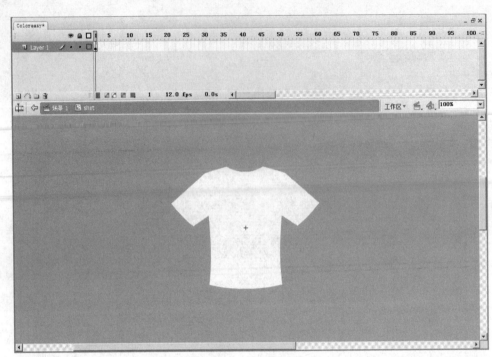

图 6-34　绘制衬衣

图 6-35　绘制衬衣阴影

步骤 8： 回到场景 1 编辑模式下，修改层 1 名称为 Background，用线性渐变绘制背景图，如图 6-37 所示。

步骤 9： 在 Background 层上新建图层，取名为 Shirt，打开库，选取 shirt shadow 图形元件，拖到舞台中央，然后选取 shirt 影片剪辑元件，拖到舞台中央，与 shirt shadow 图形实例产生交错，最后选取 shirt details 图形元件，拖到舞台中央，叠在 shirt 影片剪辑实例上，如图 6-38 所示。

图 6-36 绘制衬衣细节

1
chapter

2
chapter

3
chapter

4
chapter

5
chapter

6
chapter

7
chapter

1
module

2
module

3
module

4
module

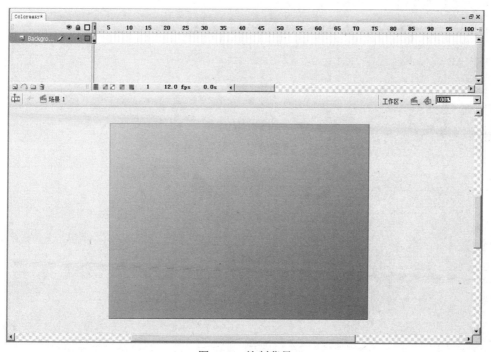

图 6-37 绘制背景

步骤 10：在 Shirt 层上新建图层，取名为 Switch，打开库，选取 switch shadow 图形元件，拖到舞台底部，然后选取 Switch 按钮元件，拖到舞台底部，与 switch shadow 图形实例产生交错，最后选取 Switch border 图形元件，拖到舞台底部，叠在 Switch 按钮实例上，如图 6-39 所示。

步骤 11：在 Background 层上加锁，以免被选取，然后选取按钮组，按 Ctrl+D 组合键重制按钮组，继续重制三个，并布置好它们的位置，如图 6-40 所示。

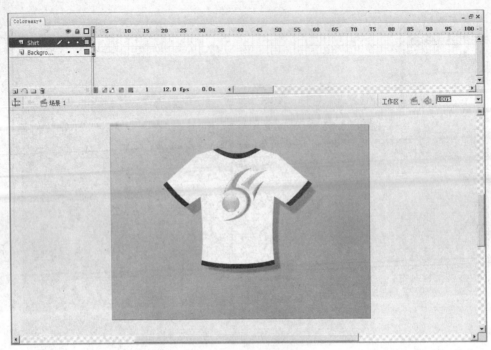

图 6-38 组合所绘图形

图 6-39 绘制新元件

步骤 12：选取左边的 Switch 按钮元件实例，打开"属性"面板，选择"颜色"栏中"色调"，选择红色，如图 6-41 所示。

步骤 13：选取其他 Switch 按钮元件实例，打开"属性"面板，选择"颜色"栏中"色调"，分别选择黄色、蓝色和绿色，如图 6-42 所示。

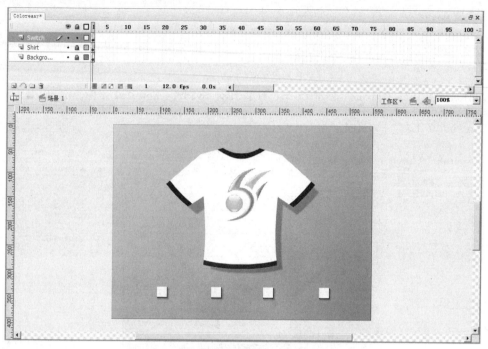

图 6-40　复制下方小方块

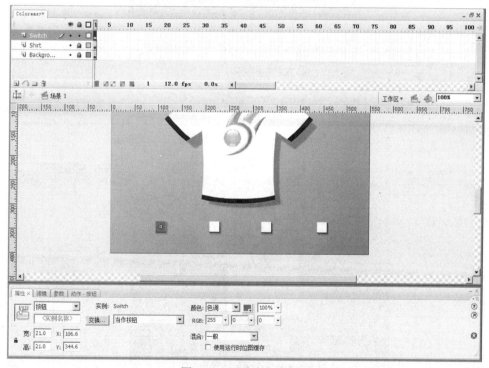

图 6-41　调节小方块色调

步骤 14：选取舞台上的 shirt1 影片剪辑实例，打开"属性"面板，在"实例名称"输入框中输入 Myshirt，如图 6-43 所示。

步骤 15：要让衣服变成红色，选取舞台上的红色的 Switch 按钮实例，打开"动作"面板，在脚本窗口中输入：

```
on(release){
    my_color = new Color(Myshirt);
    my_color.setRGB(0xFF0000);
}
```

//使用构造函数 new Color() 创建 Color 对象，my_color = new Color(Myshirt) 是为 Myshirt 影片剪辑创建一个 Color 对象。my_color 是设计者定义的名字，可以修改为其他名字。

// 0xFF0000 代表了十六进制为红色。

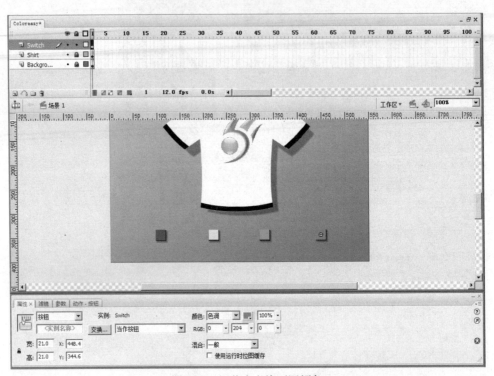

图 6-42　调节小方块不同颜色

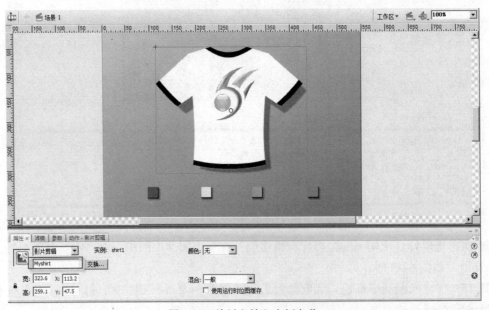

图 6-43　给衬衣输入实例名称

步骤 16：为其他按钮（黄色、蓝色和绿色）重复执行第 16 步，以便将影片剪辑的颜色更改为相应的颜色。

黄色按钮：

```
on(release){
    my_color = new Color(Myshirt);
    my_color.setRGB(0xFFFF00);
}
```

蓝色按钮：

```
on(release){
    my_color = new Color(Myshirt);
    my_color.setRGB(0x0099FF);
}
```

绿色按钮：

```
on(release){
    my_color = new Color(Myshirt);
    my_color.setRGB(0x00CC00);
}
```

步骤 17：按 Ctrl+Enter 组合键测试影片。

实例操作四：获取键盘值

案例要点：

在这个案例中我们将学习在 Flash 中如何使用键盘控制影片剪辑。

操作步骤：

- 创建一个影片剪辑
- 在影片剪辑中创建一个动态文本
- 给影片剪辑中添加动作脚本

具体的制作过程如下：

步骤 1：打开"文件"→"新建"命令，创建新文件。

步骤 2：按 Ctrl+F8 组合键创建一个影片剪辑元件，取名为 GetKeyCode，在 GetKeyCode 影片剪辑中，插入一个动态文本，文本区域尽量大一些，以免看不到结果，打开"属性"面板，在"变量："一栏中输入 KeyValueText，如图 6-44 所示。

步骤 3：按 Ctrl+L 组合键打开库，将 GetKeyCode 影片剪辑拖到舞台中，选取 GetKeyCode 影片剪辑实例，按 F9 键打开动作面板，输入代码：

```
onClipEvent (enterFrame) {
    this.KeyValueText = "KeyCode : "+Key.getCode();
    this.KeyValueText = this.KeyValueText+"\n\r"+"AsciiCode : "+Key.getAscii();
}
```

第一行 onClipEvent (enterFrame) 是指每次更新帧时，执行动作脚本。

第二行 this.KeyValueText = "KeyCode : "+Key.getCode();是指变量 KeyValueText 获取值，其中"KeyCode : "是字符串，它会直接输出，后面的"+"是连接符，Key.getCode();返回按下的最后一个

1 chapter

2 chapter

3 chapter

4 chapter

5 chapter

6 chapter

7 chapter

1 module

2 module

3 module

4 module

键的键控代码值。

第三行是指变量 KeyValueText 再次获取值，其中等号右边的 this.KeyValueText 是第二行变量的值，"\n\r" 是转义字符，代表换行和回车，"AsciiCode ：" 是字符串，它会直接输出，后面的 "+" 是连接符，Key.getAscii();返回按下或释放的最后一个键的 ASCII 码，如图 6-45 所示。

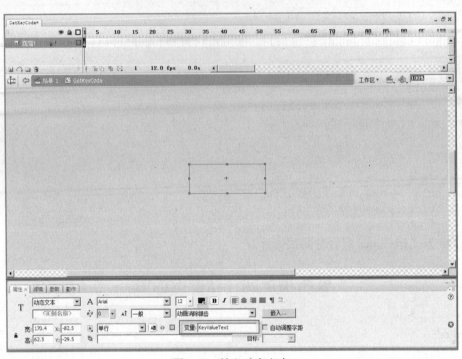

图 6-44　输入动态文本

图 6-45　输入脚本代码

步骤 4：按 Ctrl+Enter 组合键测试影片，随意按一些键如空格键来确认一下是否能够显示，如图 6-46 所示。

图 6-46　测试效果

实例操作五：甲虫比赛

案例要点：

通过制作这个小游戏，掌握按键盘上的某个键实现舞台上影片剪辑的动态效果，也就是说，我们要在影片剪辑中添加与键盘按键相关的命令，设置 XY 轴的值，或者碰到终点线等。

操作步骤：

- 创建一只甲虫影片剪辑
- 在舞台上摆放两只甲虫影片剪辑实例
- 分别给两只甲虫影片剪辑实例添加动作脚本
- 设置"胜利帧"和"失败帧"
- 测试

具体的制作过程如下：

步骤 1：打开"文件"→"新建"命令，创建新文件。

步骤 2：按 Ctrl+F8 组合键创建一个影片剪辑元件，取名为 Beetle，回到场景 1，在库中选取 Beetle 影片剪辑元件，拖到舞台上两次，打开"属性"面板，在"颜色"一栏选择"高级"，设置右边的甲虫颜色为绿色以示区别，如图 6-47 所示。

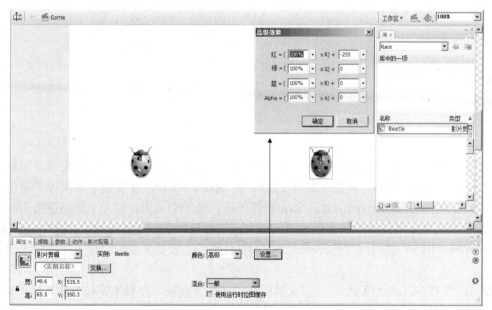

图 6-47　调节色调

步骤 3：选取左边的黄色甲虫，按 F9 键打开"动作"面板，在脚本窗口中输入动作脚本。

```
// 实例化影片剪辑过程中最先被加载（Load）的部分
onClipEvent (load) {
    // 检查 keydown 和 keyup 变量
    KeyUpDownFlag = 0;
    // 定义变量，即位移量
```

1
chapter

2
chapter

3
chapter

4
chapter

5
chapter

6
chapter

7
chapter

1
module

2
module

3
module

4
module

1
chapter

2
chapter

3
chapter

4
chapter

5
chapter

6
chapter

7
chapter

1
module

2
module

3
module

4
module

```
        speed = 3;
        // 爬行方法（键盘状态：0 为键盘按下，1 为键盘释放）
        function run(changeStep) {
            // 接收输入的键代码。
            getKey = Key.getCode();
            // 如果输入的键是空格键值
            if (gotKey -Key.3PACE) {
                // 黄甲虫往前移动变量 speed 值。
                this._y = this._y-speed;
                // 在 keyUpDownFlag 中添加 1，以此来表示已按下。
                this.KeyUpDownFlag = changeStep;
                // 如果黄甲虫的_y 坐标小于 0，则跳到"胜利"帧，播放动画。
                if (this._y<0) {
                    _root.gotoAndPlay("胜利");
                }
            }
        }
    }
// 当按下空格键（Down）时
onClipEvent (keyDown) {
    // 第一次按下时执行
    if (KeyUpDownflag == 0) {
        this.run(1);
    }
}

// 当释放空格键（Up）键时
onClipEvent (keyUp) {
    if (keyUpDownFlag == 1) {
        this.run(0);
    }
}
```

我们先来看 onClipEvent (load){}部分的代码，这段代码主要是实现一个键盘按下与释放状态的判断，如果释放键盘的话，黄色甲虫就往前爬动。speed = 3;是一个变量，用来控制黄色甲虫每次移动的像素大小。function run(changeStep){}代码段，是一个函数，定义了空格键按下时，黄色甲虫往前爬动，并且把键盘的状态值通过 this.KeyUpDownFlag 变量传递给 keyUpDownFlag。onClipEvent (keyDown){}和 onClipEvent (keyUp){}代码段主要是实现键盘按下或释放的变量值的传递。

步骤 4：选取右边的绿色甲虫，按 F9 键打开"动作"面板，在脚本窗口中输入动作脚本。

```
onClipEvent (enterFrame) {
    // 移动绿甲虫
    this._y = this._y-3;
    // 如果绿甲虫先到达终点，则移到失败动画标签处
    if (this._y<0) {
        _root.gotoAndPlay("失败");
    }
}
```

onClipEvent (enterFrame) {}是指每次更新帧时，执行动作脚本。this._y = this._y-3;是指每次_y 轴的值递减 3 个像素。

步骤 5：现在我们还缺胜利的动画和失败的动画，接下来我们把它们完成。按 Ctrl+F8 组合键创建影片剪辑元件，取名为 Win，完成一个缩放动画，如图 6-48 所示。

图 6-48　制作"胜利"文字动画

步骤 6：用同样的方式制作 Lose 影片剪辑，完成一个移动动画如图 6-49 所示。

图 6-49　制作"失败"文字动画

步骤 7：回到舞台，新建图层，取名为 MV，单击第 2 帧，按 F6 键插入关键帧，打开库，选

1 chapter

2 chapter

3 chapter

4 chapter

5 chapter

6 chapter

7 chapter

1 module

2 module

3 module

4 module

取 Win 影片剪辑，拖到舞台上，并布置到舞台中央，单击第 8 帧，按 F7 键插入空白关键帧，打开库，选取 Lose 影片剪辑，拖到舞台上，并布置到舞台中央，如图 6-50 所示。

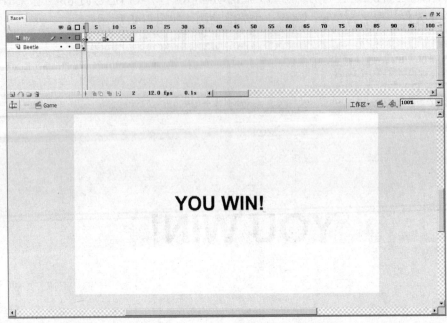

图 6-50　在场景中制作动画

步骤 8：新建图层，取名为 AS，单击第 2 帧，按 F7 键插入空白关键帧，单击第 8 帧，按 F7 键插入空白关键帧，单击第 1 帧，打开"动作"面板，输入动作脚本 stop();让动画停在第 1 帧，单击第 2 帧，打开"动作"面板，输入动作脚本 stop();并打开"属性"面板，在"帧标签"栏中输入"胜利"，单击第 8 帧，打开"动作"面板，输入动作脚本 stop();并打开"属性"面板，在"帧标签"栏中输入"失败"，如图 6-51 所示。

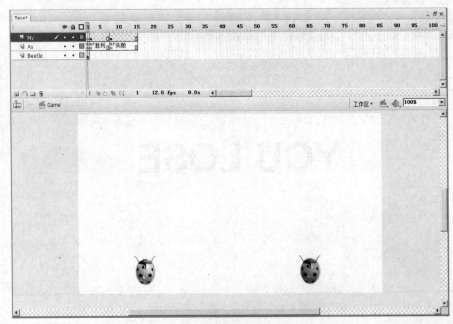

图 6-51　输入脚本

步骤 9：新建图层，取名为 BG，把 BG 图层拖到最底层，先绘制一个矩形，然后用线性渐变色绘制背景图，覆盖整个舞台，选取背景图，按 F8 键转换为图形元件，取名为 Bg。最后如图 6-52 所示。

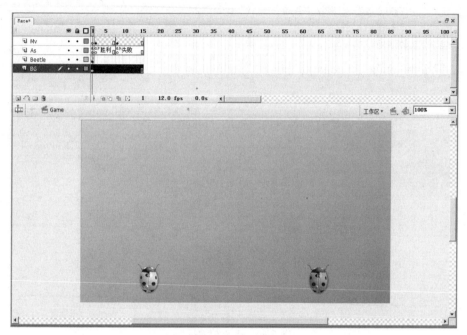

图 6-52　放置背景

步骤 10：选择菜单"窗口"→"其他面板"→"场景"，新建场景 2，改名为 Load，场景 1 改名为 Game，把 Load 场景拖到 Game 场景上方，因为 Flash 动画是按场景顺序播放的，如图 6-53 所示。

图 6-53　转换场景

步骤 11：创建一个按钮，取名为 apply button。单击场景面板中的 Load 场景，在 Load 场景编辑模式下，打开库，选取 Bg 图形元件，拖到 Load 场景中，并覆盖舞台。打开库，选取 apply button 按钮，拖到 Load 场景中，并布置到舞台中央。打开库，选取 Beetle 影片剪辑，拖到 Load 场景中，并布置到按钮上方。然后选取 Load 场景中的所有对象，在快捷菜单中选择"分散到图层"，最后再新建一个图层，取名为 As，单击 As 层第 1 帧，打开"动作"面板，在脚本窗口中输入 stop();让动画停留在第 1 帧，选取 apply button 按钮实例，打开"动作"面板，在脚本窗口中输入：

```
on (release) {
```

1
chapter

2
chapter

3
chapter

4
chapter

5
chapter

6
chapter

7
chapter

1
module

2
module

3
module

4
module

```
      play();
}
```
最后如图 6-54 所示。

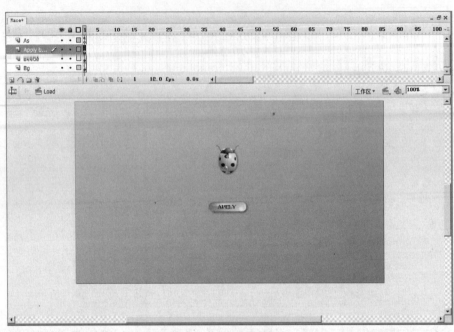

图 6-54　放置控制按钮

步骤 12：选择菜单"文件"→"导出"→"导出影片"，取名，为了向下兼容，在"导出 Flash Player"对话框中，"版本"选择 Flash Player 6，"ActionScript 版本"选择 ActionScript 2.0，单击"确定"按钮，如图 6-55 所示。打开刚才导出的影片，测试效果。

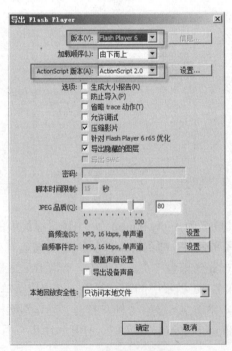

图 6-55　设置导出属性

本章小结

本章我们学习了 Flash ActionScript 基础知识，每个知识点通过案例进行了详细的讲解，从认识动作面板到简单的脚本应用，再从交互式动画制作和按钮处理事件，逐步深化 ActionScript 语言在交互式动画中的应用，加强 ActionScript 知识点训练，简单明了通俗易懂。如今 Flash ActionScript 设计应用于各个行业，如何更好地发挥交互式 Flash 动画设计是本章的重点。

课后任务

任务内容一：

课后练习任务			
任务名称	自定	任务内容名称	制作按钮
制作时间	1 周	是否完成	
内容要求	1. 按钮形状自定 2. 新颖独特有创意 3. 可选择按钮嵌套		
成绩评定	□不合格（<60 分）　　□合格（≥60 分）　　□良好（≥80 分）		

任务内容二：

课后练习任务			
任务名称	自定	任务内容名称	按钮控制动画
制作时间	1 周	是否完成	
内容要求	1. 自制按钮 2. 制作一段动画 3. 通过 ActionScript 基本脚本控制动画播放		
成绩评定	□不合格（<60 分）　　□合格（≥60 分）　　□良好（≥80 分）		

任务内容三：

课后练习任务			
任务名称	自定	任务内容名称	按钮处理事件
制作时间	1 周	是否完成	
内容要求	1. 设计制作简单游戏 2. 要求使用本 ActionScript 脚本		
成绩评定	□不合格（<60 分）　　□合格（≥60 分）　　□良好（≥80 分）		

1 chapter

2 chapter

3 chapter

4 chapter

5 chapter

6 chapter

7 chapter

1 module

2 module

3 module

4 module

第7章
动画优化、测试和发布

Chapter **7**

 本章导读

在精心制作的动画作品完成后，就要进行优化、测试和发布等一系列工作。尤其是要放在网络上的动画，不仅要对动画文件精心优化，以缩小文件的数据量，而且很有必要对动画文件在网络中的播放状况进行测试，保证动画在各种带宽下的播放都能尽如人意，才能确认它能否在网络中被浏览者顺利欣赏。本章将从测试 Flash 作品、优化 Flash 作品、导出 Flash 作品、发布设置与预览几方面详细讲解。

 本章要点

测试 Flash 作品
优化 Flash 作品
导出 Flash 作品
发布设置与预览

7.1 测试 Flash 作品

虽然 Flash 影片可以边下载边播放，但是一旦出现影片播放到某一帧，而所需的数据还未下载完全的时候，影片仍会停下来直到数据下载完毕，所以通常应事先测试影片各帧的下载速度，找出下载过程中可能造成停顿的地方。下面就利用 Flash 提供的模拟端测试浏览的功能来测试影片。

打开需要测试的影片，按 Ctrl+Enter 快捷键或者选择"控制"→"测试影片"命令，进入影片测试模式，如图 7-1 所示。

注意：如果画面中没有出现显示测试数据及每帧大小的柱状图，则请选择"视图"→"带宽设置"命令。另外，从"视图"→"下载设置"菜单中选择模拟调制解调器的速率为 28.8 kb/s，便可以实现与网上浏览相似的效果。

模拟带宽分布图根据调制解调器的速度，图形化显示影片每一帧需要发送的数据。在模拟下载速度方面，带宽分布图会使用预期的典型网络性能，而不是使用调制解调器的实际速度。例如，28.8 kb/s 的调制解调器理论上的下载速度可以达到 3.5 kb/s，但是当在"下载设置"菜单中选择 28.8 kb/s 后，Flash 会将实际速率定为 2.3kb/s，目的就是更精确地模拟典型的网络性能。

图 7-1　进入影片测试

在模拟带宽分布图中可以看到，方框代表帧的数据量，数据量大的帧自然需要较多的时间才能下载完，如果方框在红线以上，即表示动画下载的速度慢于播放的速度，动画将会在这些地方停顿。据此，可以对影片做出相应的调整。

7.2　优化 Flash 作品

当动画制作完成后，最后一步就是动画的发布了。动画在网上播放效果的好坏跟这一步有着重要的联系。在动画发布时应尽量减小作品的大小。在输出动画之前，为了使下载时间最短，可以执行以下优化操作：

- 如某元素在影片中多次使用，那就将其作为元件，然后在影片中调用该元件的实例，这样在网上浏览时下载的数据就会变小。
- 只要有可能，就使用关键帧动画，因为这类动画所占的资源远比帧动画少。
- 尽可能限制使用一些特殊的线条类型，如虚线、点线等。实线较上述特殊线条类型所占的资源少，而且用铅笔工具绘制的线条占用的内存要比用刷子工具绘制的线条占用的少。
- 用层将动画播放过程中发生变化的元素同那些没有任何变化的元素分开。
- 用"修改"→"形状"→"优化"命令最大程度地减少用于描述图形轮廓的单个线条的数目。
- 尽量避免对位图元素进行动画处理，一般将其作为背景或者静态元素。
- 尽可能多地将元素编组。
- 利用"效果"改变实例的颜色及透明度；用变形面板改变实例的外形；用单一元件制作多个变化的实例。

7.3　导出 Flash 作品

Flash 能导出的格式较多，下面就介绍几种使用最多的输出格式。

1 chapter

2 chapter

3 chapter

4 chapter

5 chapter

6 chapter

7 chapter

1 module

2 module

3 module

4 module

7.3.1　SWF 动画

这是在浏览网页时常见的具有交互功能的动画，它是以.swf 为后缀的文件，能保存程序中的动画、声音等全部内容，但是需要在浏览器中安装 Flash 播放器插件才能看到。在"导出影片"对话框的"保存类型"下拉列表框中选择"Flash 影片（*.swf）"格式，单击"保存"按钮后，将弹出"导出 Flash Player"对话框，如图 7-2 所示。

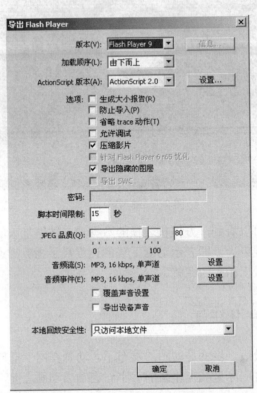

图 7-2　"导出 Flash Player"对话框

"导出 Flash Player"对话框中各选项的设置如下：

● 版本：当前播放器的版本，默认的是 Flash Player 9。
● 加载顺序：可以在下拉列表框中选择打开动画的显示次序，如图 7-3 所示。

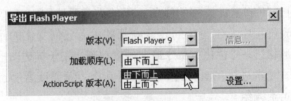

图 7-3　加载顺序

● 选择"由下而上"，动画将会从下方的层开始显示。
● 选择"由上而下"，动画则会从顶部的层开始显示。
● 选项：为输出的 SWF 动画文件指定一系列设置，选项如下：
　➢ 生成大小报告：可产生一份详细记载帧、场景、元件及声音压缩后大小的报告。
　➢ 防止导入：可以防止别人通过 Flash 的"文件"→"导入"命令来调用。

> ➢ 省略 trace 动作：可以取消跟踪指令。
> ➢ 允许调试：播放时单击鼠标右键，弹出的快捷菜单中会增加 Play、Loop 等控制选项。
> ➢ 压缩影片：增加对压缩的支持，通过反复应用脚本语言，明显减小文件和影片动画的大小。
> ➢ 针对 Flash Player 6 r65 优化：运用于 Flash Player 6 或更早的版本。

● 密码：当选择"防止导入"复制框后，在此输入密码，生成的影片即可在 Flash 中通过"文件"→"导入"命令来调用。
● JPEG 品质：Flash 动画中的位图都是用 JPEG 格式来压缩的，在这里可以设置压缩品质，其中，值为 100 时图像品质最好，同时文件最大。
● 音频流/音频事件：单击"设置"按钮会弹出"声音设置"对话框，用于调整两类声音，如图 7-4 所示。

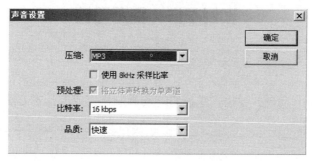

图 7-4　"声音设置"对话框

● 覆盖声音设置：选择该复选框后在库中对个别声音的压缩设置将不起作用，并将全部套用在上面两项中设置的声音压缩方案。
● 本地回放安全性：选择要使用的 Flash 安全模型。

7.3.2　GIF 动画

目前网页中见到的大部分动态图标都是 GIF 动画，这是由连续的 GIF 图形文件组成的动画。由 Flash 影片生成的 GIF 动画不支持声音及交互，并且远比不包含声音的 SWF 动画大。

在"导出影片"对话框的"保存类型"下拉列表框中选择影片输出格式为"GIF 动画（*.gif）"后，会弹出"导出 GIF"对话框，如图 7-5 所示。

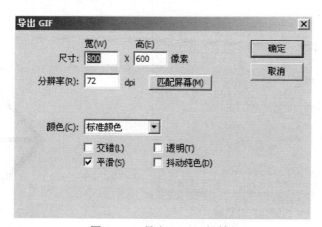

图 7-5　"导出 GIF"对话框

该对话框中的参数介绍如下：

- 尺寸：可以设置动画的宽和高。
- 分辨率：显示与动画尺寸相对应的屏幕分辨率。
- 匹配屏幕：恢复影片中设置的尺寸。
- 颜色：在下拉列表框中可根据需要选择某种颜色数量。
- 交错：以从模糊到清晰的方式显示动画。
- 透明：除去背景颜色。
- 平滑：输出消除了锯齿的位图，可以产生高质量的图像。
- 抖动纯色：将颜色进行抖动处理。
- 动画：设置循环次数。

实例操作：指示箭头

案例要点：

本案例通过制作 GIF 动画并导出，掌握 GIF 动画制作完成的基本方法。

操作步骤：

具体操作如下：

步骤 1：新建一个 Flash 文件，按 Ctrl+J 组合键，打开"文档属性"对话框，设置动画的大小为 550px×400px，背景颜色为白色，帧频为 24 帧，如图 7-6 所示。

步骤 2：创建图形元件。按 Ctrl+F8 组合键，创建图形元件"箭头"并进入其编辑环境。首先选择工具设置笔触颜色为黑色，笔触高度为 8，绘制如图 7-7 所示的图形。然后用选择工具，选中所有的图形，执行"修改"→"形状"→"将线条转换为填充"命令，将其转为填充，如图 7-8 所示。

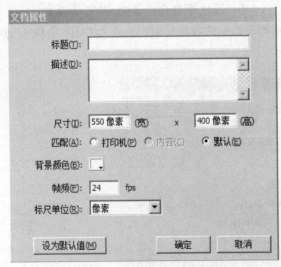

图 7-6 "文档属性"对话框

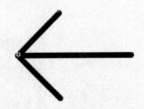

图 7-7 绘制箭头

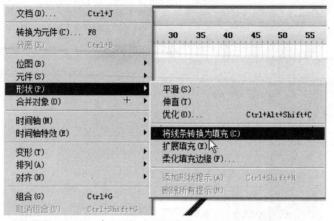

图 7-8 选择"将线条转换为填充"

步骤 3：单击 ⇦ 按钮，返回场景 1，如图 7-9 所示。

图 7-9 箭头元件编辑模式

步骤 4：创建动画效果。首先打开库，将图形元件拖入舞台，放在中央位置，然后单击第 15 帧，按 F6 键，插入关键帧，如图 7-10 所示。再单击第 1 帧，设置元件的透明度为 0%，单击第 15 帧，将元件水平左移一小段距离。最后右击第 1 帧，执行"创建补间动画"命令，创建箭头移动的动画效果。单击第 20 帧，按 F5 键，插入帧，如图 7-11 所示。

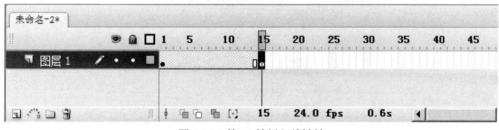

图 7-10 第 15 帧插入关键帧

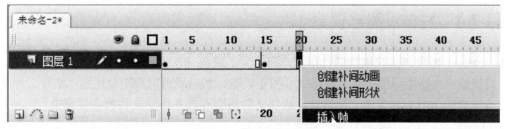

图 7-11 第 20 帧插入帧

步骤 5：导出 GIF 动画。首先按 Ctrl+S 组合键保存文件，然后执行"文件"→"导出"→"导出影片"命令，弹出"导出影片"对话框，选择文件类型为"GIF 动画（＊gif）"并指定文件名后单击保存按钮，弹出"导出 GIF"对话框，设置相关选项，单击"确定"按钮，导出 GIF 文件，如图 7-12、图 7-13 所示。

1
chapter

2
chapter

3
chapter

4
chapter

5
chapter

6
chapter

7
chapter

1
module

2
module

3
module

4
module

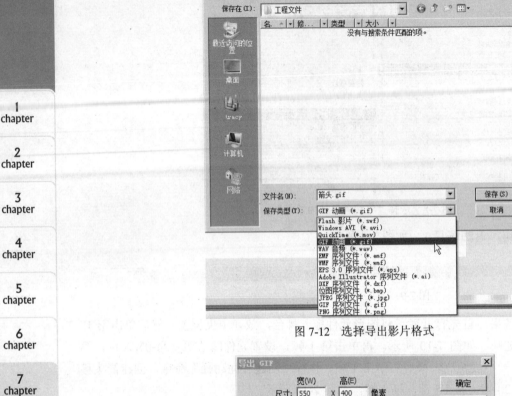

图 7-12　选择导出影片格式

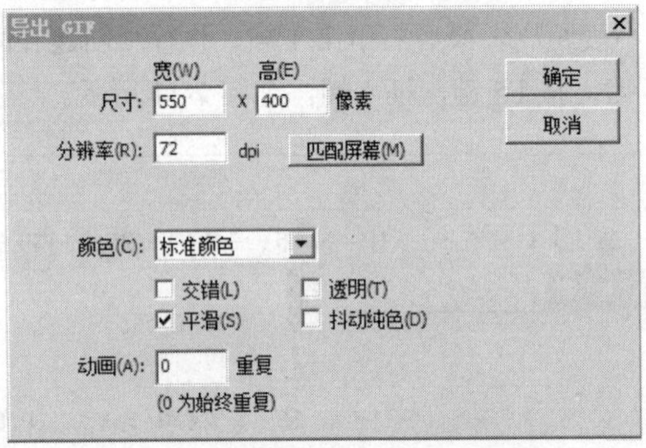

图 7-13　设置导出影片的大小及属性

7.4　发布设置与预览

由于 Flash 影片可以导出为多种格式，因此为了避免每次输出时都进行设置，可以在"发布设置"对话框中选择需要的全部发布格式并指定设置，然后就可以简单地通过"文件"→"发布"命令，一次性输出所有选定的文件格式，这些文件将会存放在影片文件所在目录中。

7.4.1　指定输出类型

从菜单中选择"文件"→"发布设置"命令，可以打开"发布设置"对话框，如图 7-14 所示。

在"格式"选项卡中，选择每个文件要导出的文件格式，对应于勾选的复选框，对话框的上部会出现该选项的标签。还可以在各种格式右边的文本框中给文件取一个名字，如单击"使用默认名称"按钮，则使用默认的影片文件名。

单击"发布"按钮，就会生成相关的文件，可以在保存 Flash 影片原文件的目录中找到。

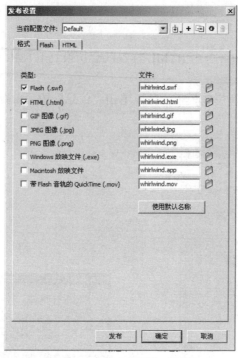

图 7-14　"发布设置"对话框

7.4.2　发布 Flash 影片设置

在"发布设置"对话框中，单击 Flash 标签就会切换到 Flash 选项卡，如图 7-15 所示。该设置选项与"导出 Flash Player"对话框中的相似。

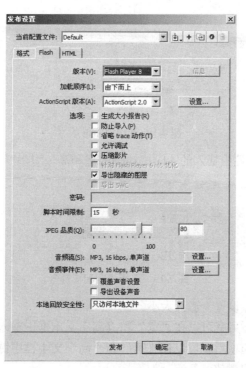

图 7-15　"发布设置"Flash 选项卡

1 chapter
2 chapter
3 chapter
4 chapter
5 chapter
6 chapter
7 chapter
1 module
2 module
3 module
4 module

7.4.3 发布 HTML 设置

在"发布设置"对话框中，单击 HTML 标签就会切换到 HTML 选项卡，如图 7-16 所示。其中的参数介绍如下：

模板：生成 HTML 文件所用的模板，可以单击"信息"按钮来查看各模板的介绍，如图 7-17 所示。

1 chapter

2 chapter

3 chapter

4 chapter

5 chapter

6 chapter

7 chapter

1 module

2 module

3 module

4 module

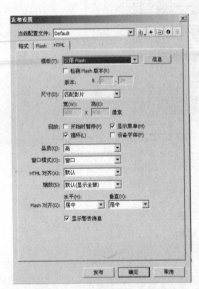

图 7-16　发布设置 HTML

图 7-17　HTML 模板信息

检测 Flash 版本：能自动检测 Flash 版本。勾选此复选框后，可以设置主修订版本和次修订版本号，如图 7-18 所示。

图 7-18　检测 Flash 版本

尺寸：定义 HTML 文件中插入的 Flash 动画的宽和高，"尺寸"下拉列表框中的选项，如图 7-19 所示。

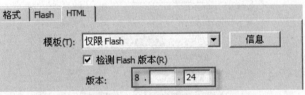

图 7-19　选择"匹配影片"

- 匹配影片：将尺寸设置为影片大小。
- 像素：选择该选项后就可以在"宽"和"高"文本框中输入像素数。
- 百分比：选择该选项后就可以在"宽"和"高"文本框中键入百分比。

回放：用来控制动画的播放，其选项如下：

- 开始时暂停：选中后动画在第 1 帧时暂停。
- 显示菜单：选中后在生成动画页面上单击鼠标右键，会弹出控制动画播放的菜单。
- 循环：是否循环播放动画，但是对帧中有 stop 指令的动画无效。
- 设备字体：使用经过消除锯齿处理的系统字体替换那些系统中没有安装的字体。

品质：可选择动画的图像质量，有"低"、"自动降低"、"自动升高"、"中"、"高"、"最佳" 6 个选项。

窗口模式：可选择动画的窗口模式，这个选项仅用于带有 Flash ActiveX 控制功能的 Windows 版本的 Internet Explorer。"窗口模式"下拉列表框中的选项如图 7-20 所示。

图 7-20　选择"窗口"

- 窗口：电影在网页的矩形窗口中播放。该设置可以提供最高速的动画表现性能。
- 不透明无窗口：如果想在 Flash 影片背后移动元素，同时又不想让这些元素表露出来，就可以使用这个选项。
- 透明无窗口：如果网页中含有动画，该选项可以使网页的背景透过动画的透明部分显露出来。

HTML 对齐：设置动画在网页上的位置，其下拉列表框中的选项如图 7-21 所示。

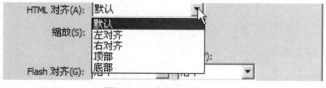

图 7-21　选择"默认"

- 默认：将影片置于浏览器窗口的中央，如果浏览器窗口小于影片窗口，则对影片的边缘进行剪切。
- 左对齐：将影片置于浏览器窗口的左边，如果需要，将剪切影片的上下和右部分。
- 右对齐：将影片置于浏览器窗口的右边，如果需要，将剪切影片的上下和左部分。
- 顶部：将影片置于浏览器窗口的最上边，如果需要，将剪切影片的左右和下边部分。
- 底部：将影片置于浏览器窗口的最下边，如果需要，将剪切影片的左右和上边部分。

缩放：动画的缩放方式，其下拉列表框中的选项如图 7-22 所示。

图 7-22　缩放选择"默认（显示全部）"

- 默认：使用等比例的方式来缩放动画。
- 无边框：使用原比例来显示动画，并且切去超过页面的部分。
- 精确匹配：使用与页面大小精确适应的比例来缩放动画。
- 无缩放：不按比例的方式来缩放动画。

1 chapter

2 chapter

3 chapter

4 chapter

5 chapter

6 chapter

7 chapter

1 module

2 module

3 module

4 module

1
chapter

2
chapter

3
chapter

4
chapter

5
chapter

6
chapter

7
chapter

1
module

2
module

3
module

4
module

Flash 对齐：动画在页面上的排列位置。当在页面上设置的动画比实际的动画文件还小时，动画会自动缩小以便完全置入播放区内。其中包括水平放置和垂直放置。

显示警告消息：决定是否显示错误信息，警告有关选项卡的设置冲突。

7.4.4 发布 GIF 动画设置

在"发布设置"对话框中，单击 GIF 标签会切换到 GIF 选项卡，如图 7-23 所示。

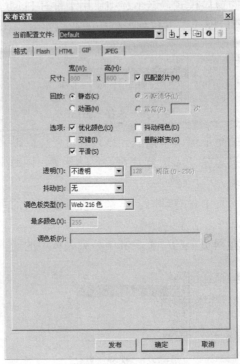

图 7-23 发布设置

注意：将动画发布成 GIF 格式后，虽然内容没有大的变化，但是输出的 GIF 动画已经不是矢量动画，不能随意地无损放大后再缩小，而且影片中的声音和 Action 都会失效。

该选项卡的参数介绍如下。

尺寸：确定动画的宽和高。选中"匹配影片"复选框可以确保所指定的大小始终同原始影片的宽高比保持一致。

回放：确定 Flash 究竟是创建静态图像，还是创建动画。

● 静止：输出单帧的 GIF 图形，所有动画效果都将失效。

● 动画：输出动态的多帧 Flash 动画，选择该单选按钮后，"不断循环"和"重复"选项才会启动。

选项：为输出的 GIF 文件指定一系列设置，选项如下：

● 优化颜色：从 GIF 文件的颜色表中将用不到的颜色删除。

● 抖动纯色：当目前使用的调色板上没有某种颜色时，用一定范围内的类似颜色像素来模仿调色板上没有的颜色。抖动处理会增加文件大小。

● 交错：使浏览器上输出的 GIF 图像可以边下载边显示，GIF 动画则不支持交错显示。

● 删除渐变：将影片中所有的渐变色转换为固定色，固定色为设置渐变色时第一个取色器所选颜色。

- 平滑：令输出位图消除锯齿。经过平滑处理可以产生高质量的位图图像。

透明：提供将动画的透明背景转换为 GIF 图像的方式，其下拉列表框中的选项如图 7-24 所示。

图 7-24　选择"不透明"

- 不透明：转换之后背景为不透明。
- 透明：转换之后背景为透明。
- Alpha：令所有低于极限 Alpha 值的颜色都完全透明。可以在"阈值"文本框内输入 0~255 之间的任意值。

抖动：指定抖动方式，其下拉列表框中的选项如图 7-25 所示。

图 7-25　选择"无"

- 无：关闭抖动处理。
- 有序：在尽可能不增加或少增加文件大小的前提下提供良好的图像质量。
- 扩散：提供最佳的质量抖动，但是要增加文件的大小。

调色板类型：定义用于图像的调色板，其下拉列表框中的选项如图 7-26 所示。

图 7-26　选择"Web 216 色"

- Web216 色：为标准的 216 色浏览器安全色调色板创建 GIF 图像。这个选项产生的图像质量良好，服务器的处理速度也最快。
- 最合适：分析图像中所有的颜色，为特定的 GIF 图像创建一个独特的调色板。该选项可以为图像创建最精确的颜色，但是最后文件的大小较上面的选项要大。可以通过减少调色板上的颜色数来减小文件大小。最合适调色板在系统显示百万以上颜色时表现最佳。
- 接近 Web 最适色：该选项会将近似的颜色转换为 Web216 色调色板。最后用于图像的调色板是经过优化的。在 256 色系统上使用 Web216 色调色板会产生较好的颜色效果。
- 自定义：选择该选项后可以在最下方的"调色板"文本框中选择调色板文件。

最多颜色：设置 GIF 图像中使用的最大颜色数。由于 GIF 图形格式的限制，只能在 2～255 之间选择。

调色板：当在"调色板类型"下拉列表框中选择"自定义"时激活，可单击右边的按钮，从弹出的对话框中选择一个调色板。

7.4.5　发布 JPEG 文件

JPEG 格式可以以高压缩率、24 位的位图形式保存图像。通常，GIF 格式适合于导出线条与色块分明的图片，JPEG 格式适合于导出包含连续色调的图像，例如照片、渐进色较多的图像。单

1 chapter

2 chapter

3 chapter

4 chapter

5 chapter

6 chapter

7 chapter

1 module

2 module

3 module

4 module

1
chapter

2
chapter

3
chapter

4
chapter

5
chapter

6
chapter

7
chapter

1
module

2
module

3
module

4
module

击 JPEG 标签切换到 JPEG 选项卡，如图 7-27 所示。

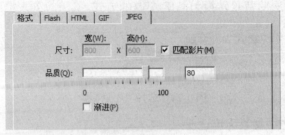

图 7-27　设置 JPEG 文件

该选项卡中的参数介绍如下：

尺寸：设置要输出位图的尺寸。

品质：该选项用来控制位图输出的品质和压缩量。

渐进：选择该选项可在 Web 浏览器中逐步显示连续的 JPEG 图像，从而以较快的速度在低速网络上显示加载的图像。

除上述 4 种格式外，发布设置中还有另外 7 种格式可以选择设置，如 PNG 图像（.Png）、Windows 放映文件、QuickTime（.mov）等。这些格式的使用机会较少，这里就不做更多介绍了。

7.4.6　发布预览

使用发布预览可以从发布预览菜单中选定一种文件输出类型，在预览菜单中可以选择的类型都是已在发布设置中指定的输出类型。

要用发布预览功能预览文件，应先使用发布设置来定义输出选项，再选择"文件"→"发布预览"命令，然后在子菜单中选择要预览的文件格式，这样 Flash 就可以创建一个指定类型的文件，并将它放到 Flash 影片文件所在的文件夹中。在覆盖或者删除之前，这个文件会一直保留。

注意：按 F12 键也能对动画进行预览，存盘后按 F12 键则可进行发布。

 本章小结

通过本章的学习我们了解了测试 Flash 作品、优化 Flash 作品、导出 Flash 作品、发布设置与预览，较完整地掌握了 Flash 作品最后环节的工作。充分利用 Flash 输出影片的优势，将自己的影片传送或者发布在各种媒体上。

 课后任务

任务内容一：

课后练习任务			
任务名称	自定	任务内容名称	制作一段 GIF 动画
制作时间	1 周	是否完成	
内容要求	1. 内容自定 2. 测试、优化、发布		
成绩评定	□不合格（<60 分）	□合格（≥60 分）	□良好（≥80 分）

项目实训篇

模块一
项目实训的目的、要求和考核

Module **1**

 实训导读

实训课程主要锻炼学生的动手操作、归纳总结，推陈创新的能力。把前期学习的专业基础课程以及相关内容经过加工，融合，使之模块化，系统化的应用。

Flash 动画项目制作实训是相关专业教学中最后一个实践性教学环节。是在学生学完技术基础课和专业课，特别是像动画原理和传统动画课程之后进行的。是培养学生理论联系实际、解决制作当中实际问题能力的重要步骤，它为后续的毕业设计作必要的准备。

Flash 动画项目制作实训是以动画制作设计为主线，通过对具体项目设计总体方案的拟定，角色的设计、分镜头的绘制，动画的制作等，使学生综合运用绘画技术、动画调节技术等各方面知识，把多门专业课程有机结合起来，进行一次全面的训练。从而培养学生综合技术能力和综合素质。

 实训要点

- Flash 动画项目制作实训环境及流程
- Flash 动画项目制作实训目的
- Flash 动画项目制作实训的内容及要求
- Flash 动画项目制作实训的工作量
- Flash 动画项目制作实训的考核方法、考核内容及成绩评定

1.1 Flash 动画项目制作实训环境及流程

实训室或者实训基地是承载项目实训的硬件设施，各个学校或者培训机构可根据要求创立自己本专业的实训室或者实训基地。硬件设施尽可能根据企业或者公司要求以及相关软件的要求设置。这样在制作过程中不会因为硬件的不到位而阻碍了项目的实施。实训室环境如图 1-1、图 1-2、图 1-3 所示。

图 1-1　实训室 1

图 1-2　实训室 2

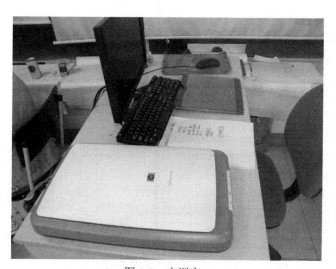

图 1-3　实训室 3

1
chapter

2
chapter

3
chapter

4
chapter

5
chapter

6
chapter

7
chapter

1
module

2
module

3
module

4
module

在项目实施前，必需对整个项目进行分工和规划制作流程，这样在实训过程当中才能思路明确。实训项目制作流程图，如图 1-4 所示。

1
chapter

2
chapter

3
chapter

4
chapter

5
chapter

6
chapter

7
chapter

1
module

2
module

3
module

4
module

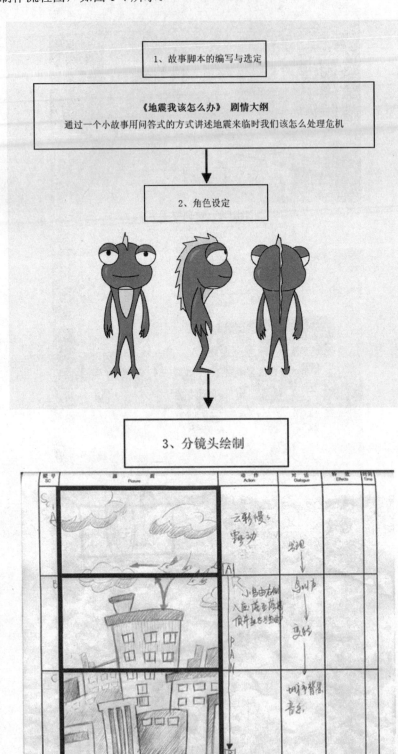

图 1-4 项目制作实训流程图

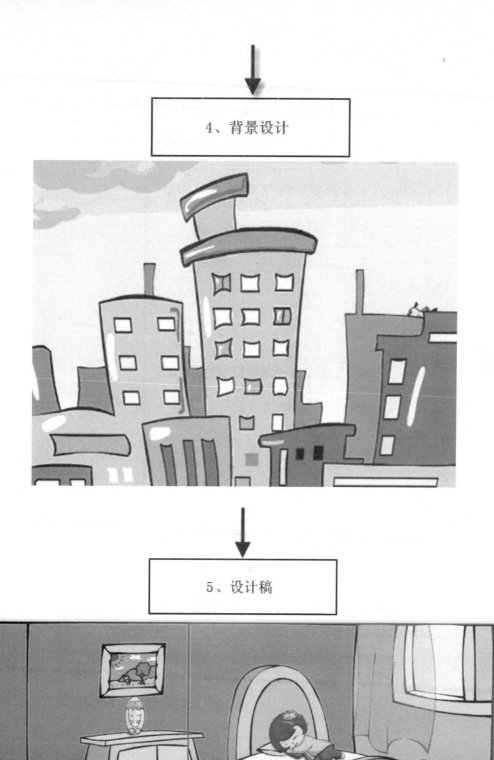

图1-4　项目制作实训流程图（续）

1
chapter

2
chapter

3
chapter

4
chapter

5
chapter

6
chapter

7
chapter

1
module

2
module

3
module

4
module

6、元件库的建立

7、原动画调节

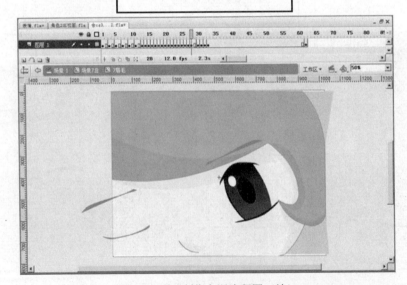

图 1-4　项目制作实训流程图（续）

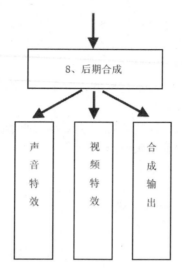

图 1-4 项目制作实训流程图（续）

1
chapter

2
chapter

3
chapter

4
chapter

5
chapter

6
chapter

7
chapter

1
module

2
module

3
module

4
module

1.2 Flash 动画项目制作实训的目的

我们应该明确，作为培养应用型人才，首先要强调的是培养学生的动手能力。项目实训是让学生锻炼动手能力的最好方法，是归纳总结所学知识很好的应用方向，是拓展知识要点的延伸领域。

首先，可以培养明确的学习目标。通过学习 Flash 动画项目制作实训，把动画制作过程中用到的知识点进行归纳，并与相对应的工作职责相对应，有侧重点的学习。比如一同学在整个项目当中比较喜欢勾线上色环节，那么他则往这个制作环节靠近，当技术和速度都提到一定的高度了，再考虑变换别的环节。

其次，培养项目式学习模式。按传统的教学模式，学生往往学完一门课程，总觉得知识点零散，抓不住头尾，过一段时间则忘记该课程印象不深的环节。通过项目实训模式，学生更感兴趣自己的动手能力，对自己亲手做完的某个环节或者成果作品会获得成就感。尤其是对于 Flash 动画，创作的形式很多，易于上手，更容易出成果。

再次，培养学生的耐心。不管是传统动画、Flash 动画，还是三维动画，都是一件非常需要耐心的事情。在项目实训当中，可以要求学生自由组队，每队当中选择导演，以及负责人，这样进行约束，确保学生按时按点完成自己的任务，习惯成自然。

第四，培养学生的团队合作意识和沟通能力。动画项目实训不仅仅是一个人的事情，它可能是几个人甚至几十个人团结合作的事情。尤其在制作公司里整个动画制作流程分工较细，这就要求每一个员工了解制作的流程，并且掌握制作的标准和要求，每一个环节对整个项目的关系、影响。若在项目制作过程中某一个人或者某一个环节出了问题，将会影响下一个环节的进展和整个项目的进度。所以一个团队每一个成员必须要有团队意识和大局意识，这样才能使得项目按时完成。

总之，Flash 动画项目实训以实训为中心；真正做到学以致用。禁忌光说不做型和眼高手低型。尤其是这种实践性强的专业，更应以培养应用型人才为导向，动手才是硬道理。

1.3 Flash 动画项目制作实训的内容及要求

Flash 动画项目制作实训的内容可长可短，题材不限，但必须要有明确的流程。

1
chapter

2
chapter

3
chapter

4
chapter

5
chapter

6
chapter

7
chapter

1
module

2
module

3
module

4
module

实训的内容一般包括了项目的整个制作过程：故事脚本的编写与选定、角色设定、分镜头绘制、背景设计、设计稿、库元件的建立、原画的制作、动画添加、动画检测、声音特效添加、合成输出等。

故事脚本的编写与选定：创作原剧本、故事、小说，将剧本或小说详细化的工作，具体到人物的对话，场景的切换，时间的分割。

角色设定：设定项目当中的人物或者动物，以及所用到的道具等。

分镜头绘制：负责整个项目的分镜头绘制。

背景设计：负责绘制整个项目当中的场景。

设计稿：根据每个分镜头绘制设计稿，创建分层元件。

库元件的建立：根据设计稿需要，建立相对应的库元件。

原画的制作：通过分镜头要求，绘画出相关的关键性动作。

动画添加：根据绘制好的原画动作，参照摄影表添加中间动画。

动画检测：把制作好的动画进行动作检查，检查动作是否合理、流畅、富有节奏感。保证动画片质量好坏的关键，要有极强的动作观念、空间想象能力和良好的绘画基础。

声音特效添加：给制作好的动画添加声音特效和对话。

合成输出：将配好声音的动画分别根据分镜头进行合成，也可以输出其他的视频格式以在后期软件里进行合成。

项目制作实训有以下几点要求：

- 了解 Flash 动画项目制作流程，并对每个环节进行分析，要求掌握基础传统动画课程内容和 Flash 基础内容。
- 了解影视视听语言与表演，较好地掌握美术绘画基础、Flash 软件及相关软件的熟练操作。
- 良好的学习、工作态度和团队合作意识。
- 要有不断进取、积极向上的自学能力和创作意识。

1.4 Flash 动画项目制作实训的工作量

Flash 动画项目制作实训大多以项目模块来计算，在项目模块当中分工每个项目环节，按不同的环节分配不同的时间。如前期在整个项目制作过程中尽可能少花费时间，这样把大量的时间用到中期制作阶段。一般情况下，若实训课程按 4 个月工作时间来计算，那么制作项目的长度尽量控制在 5～10 分钟左右（仅供参考），若团队人员较多，技术熟练可另作调整，对于学生而言，尽可能短的去完整和提炼项目内容。

样表一：（以下数据仅为参考）

5 分钟项目基本参数

项目	参数
时间	5 分钟
镜头数量	150
背景数量	20
主场景	5

样表二：（以下数据仅为参考）

人员职务及时间安排表

职务	人数	工作时间（月）
导演	1	4
主美	1	4
主场景	1	1
人物设定	1	1
场景设定	1	1
分镜头	1	1
设计稿	1	1
元件库建立	1	1
原动画调节	4	3
后期合成	1	1
小计	13	

（注：以上人员职务可以一人兼多项，交叉制作，所以制作当中人数可根据实际情况而定）

总之，合理有序地安排实训的工作量是任务完成的重要保证。对于第一次参加项目实训的新学员来说，工作效率较低，需要过渡时间，在安排实训之前应该对实训学员的自身专业素质进行考核摸底，适当指导并调整进度和工作量。

1.5 Flash 动画项目制作实训考核方法、考核内容及成绩评定

Flash 动画项目制作实训的考核方法、考核内容及成绩评定是教学项目实训中必不可少的环节。项目的考核和成绩评定不仅仅是分数的判定，要综合考核学生的项目制作基本能力，在项目制作中可根据实际情况分阶段考核，也可以根据项目环节进行考核和评定。对于项目环节考核，要求列出每个环节的重点要求及需要掌握的基本技能等。

样表三：

Flash 动画项目制作实训考核方法表

项目内容	达标要求	评定（10，5，0）		
		自评	互评	师评

1 chapter

2 chapter

3 chapter

4 chapter

5 chapter

6 chapter

7 chapter

1 module

2 module

3 module

4 module

样表四：

Flash 动画项目制作实训考核内容及成绩评定表

项目名称		内容名称	
制作时间		是否完成	
考核内容			
质量标准			
成绩评定			

项目实训考核和成绩评定重在考查学生的专业综合能力，虽然在考核过程中主观因素比较多，但把需要考核的项目根据专业要求一一列出，这样参照标准考核，会更客观。总之，不管如何去评定和考核都是以督促学生加强实际操作能力为主轴，培养学生参加团队项目实训的积极性，开拓学生的创造性思维。

 实训小结

通过实训学习我们了解了 Flash 动画项目制作实训环境及流程、Flash 动画项目制作实训的目的、Flash 动画项目制作实训的内容及要求、Flash 动画项目制作实训的工作量、Flash 动画项目制作实训的考核方法、考核内容及成绩评定等内容，充分做好项目实训前的准备、规划、构思等。合理地安排工作时间，确保项目有条不紊的进行。

 实训任务

任务内容一：
拟定制作项目实训及创作方向计划表。
任务内容二：
拟定项目实训职务及人员分配表。
任务内容三：
拟定相应的考核成绩评定表。

模块二
项目实训制作前期

Modul 2

 实训导读

在本章中我们将接触到整个 Flash 动画制作过程中的前期阶段，首先要做的是构思主题，然后把它写成剧本，并定制好影片情节，接着设计动画中的角色和背景。到此为止是制作过程的前期，通常叫做预制作阶段。准备工作都做完后开始动画设计与制作，最后一个阶段是音效合成处理，测试动画以及发布作品。

 实训要点

- Flash 动画项目故事脚本的编写与选定
- Flash 动画项目角色设定
- Flash 动画项目分镜头绘制
- Flash 动画项目场景设计
- Flash 动画项目设计稿

▌2.1 故事脚本的编写与选定

制作 Flash 动画需要花费精力和时间来构思主题，在平日里，我们要养成随想随记的习惯，积少成多，最后会成为丰富的素材库。如可爱的流氓兔来源于调皮的想法，而阿贵系列来源于生活等。如果我们把故事主题写下来，然后整理具体的故事细节，这对于创作 Flash 动画是成功的第一步。不要很随意的进入制作阶段，这样最后很有可能会放弃。项目可以是幽默短片、片头广告、MTV、网页、游戏、科教宣传片等，如图 2-1 至图 2-6 所示。

图 2-1 幽默短片

1
chapter

2
chapter

3
chapter

4
chapter

5
chapter

6
chapter

7
chapter

1
module

2
module

3
module

4
module

图 2-2　片头广告

图 2-3　MTV

图 2-4　网页

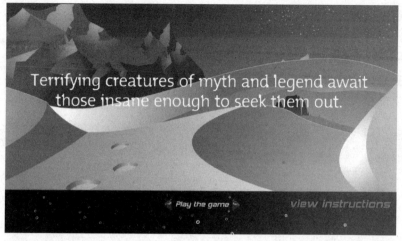

图 2-5　游戏

1
chapter

2
chapter

3
chapter

4
chapter

5
chapter

6
chapter

7
chapter

1
module

2
module

3
module

4
module

图 2-6　宣传短片

编写剧本

Flash 动画是影片作品，同样需要制作影片用的剧本。对作品指定方向后，就要着手于全面计划作品的制作过程。没有好的剧本肯定出不了好的作品，所以电影业也特别重视这一点。制作出成功作品的第一步就是"剧本"。但是在个人动画或者作为实训项目制作时也可以把这一阶段省略，因为可以直接用电影脚本来表现。脑子里面想着如何用影像来表现构思，再把它写到纸上，构成故事。特别是 Flash 动画，由于只含有很短的内容，所以这个方法是可行的。

但是如果是那种需要很多人共同协力制作或要进行配音的作品的话，就算是 Flash 动画也要写出剧本。

由于动画是情节的展现（艺术性动画除外），所以要确定以何种方式进行何种情节故事，如何以影像的方式表现等问题。如果没有确定这些，肯定会导致作品的内容与制作脱节。

　　一般剧本通过编剧人员将故事、传说、谚语等进行改编，或者由编剧人员进行自行编写。不管是哪种形式，最终的目的是有好的剧本。如《大闹天宫》根据名著《西游记》改编，最终制作出了享誉"中国动画学派"的经典作品；如动画《花木兰》改编自民歌《木兰辞》中花木兰替父从军征战疆场多载，屡建功勋这一民间传说；再如以民间谚语"一个和尚挑水吃，两个和尚抬水吃，三个和尚没水吃"为题材创作出了动画《三个和尚》，如图 2-7、图 2-8、图 2-9 所示。

图 2-7　《大闹天宫》

图 2-8　《花木兰》

图 2-9 《三个和尚》

动画不仅作为观赏性影片来制作，也可制作科普宣传片，如在电视、电影、地铁、户外流动媒体上我们经常看到如何使用电器、使用燃气、如何预防恐怖袭击等动画科普宣传片，形象可爱亲切，表情夸张，内容丰富幽默，深受广大观众的喜爱，如图 2-10、图 2-11 所示。

图 2-10 世博宣传广告

图 2-11 预防地震宣传

1
chapter

2
chapter

3
chapter

4
chapter

5
chapter

6
chapter

7
chapter

1
module

2
module

3
module

4
module

实例操作：剧本编写案例

案例要点：

本案例根据预防地震宣传改编一段动画，要求掌握最基本的剧本编写格式。

操作步骤：

具体操作过程如下：

步骤1： 确定制作方向——宣传预防地震短片。

步骤2： 查阅相关资料，掌握预防地震相关知识。

步骤3： 确定时间长度，以合理的时间安排说明注意事项。

步骤4： 把找到的相关的理论知识用讲故事的形式讲述出来。

步骤5： 编写故事稿如下。

片名：地震我该怎么办

片长：6分钟

形式：Flash 二维动画片

受众年龄：全年龄

故事梗概

地震造成的危害巨大，地震发生时产生的地震波引起对地面建筑物的破坏，导致人员伤亡，造成了地震灾害。在地震预报不可能短期解决、房屋建筑的抗震标准也不可能普遍提高的条件下，恰当的个人应急措施成为必然。

室内：避免接近玻璃窗，把被子、枕头顶在头上，屈身蹲在坚实的家具下、床下、坚固家具附近；内墙墙根、墙角、厨房、厕所、储藏室等空间小的地方。

户外：不能乱跑，在走路的时候要注意头顶上方可能有招牌、盆景等掉落，应该远离兴建中的建筑物、电线杆、围墙。

《地震我该怎么办》

阳光明媚的一天，主人公阳阳躺在自己柔软的床上午休，突然一阵轻微的震动把她身边家具上的一个陶瓷娃娃震落了，瓷娃娃碎了发出清脆的声音把阳阳吵醒，阳阳起身伸手去捡，发现破碎陶瓷娃娃变成一个小精灵，阳阳刚想开口问，地震发生了……

室内：

阳阳情急欲跳窗逃生，小精灵急忙上前阻止："OH！不，住手！"小精灵一把把阳阳拉到桌子下面，虽然精灵自己也吓坏了，但它保持着理智的头脑对阳阳说："我们的楼房很高，跳楼可能会摔死或摔伤，即使安全着地也可能被倒塌的东西砸伤或砸死，这样得不偿失啊！"说着顺手抓过来一个枕头递给阳阳："快放在头上，这样可以保护你的头部"。小精灵说："这样的行为才是正确的，在室内发生地震时首先应该避免接近玻璃窗，最好把被子、枕头顶在头上，屈身蹲在坚实的家具下或坚固家具附近、内墙墙根、墙角、厨房、厕所、储藏室等空间小的地方。"这时地震慢慢缓和。

　　户外：

　　小精灵带阳阳边走边说："地震之前是有预兆的，如：地下水变浑、翻花、冒泡、变味；鸡鸭猪羊乱跑乱叫；老鼠外逃，鱼儿在水面乱跳。这种情况预示着地壳将弯曲、摺皱断裂，就要发生地震了"。小精灵只见阳阳还抱着头，很胆怯的往前走。小精灵追问："喂，朋友，我说的你听到了吗？"阳阳见地震缓和，便窥探周围环境，此时她发现墙壁上出现裂缝，正与另一处裂缝会合，便赶紧奔跑随着大家去避难。周围都是高楼大厦，还有伫立着的电线杆、悬挂物。小精灵尾随阳阳，见阳阳险些被广告牌砸到，庆幸之余，连忙躲在屋檐下，小精灵赶快飞至阳阳前面，大声地告诉他："在户外遇到地震时，应该就地选择开阔地避震，蹲下或趴下，以免摔倒，不是一味的往前冲……"没等小精灵说完，回头不见阳阳，小精灵来了个急刹车，回过头见阳阳正蹲在空地上，用手护住头，自言自语道"其……其……其实我好怕，"两条腿哆嗦，阳阳问："为什么要在空地上？"小精灵脑筋一动："呃，若是在外边，千万不要靠近楼房、烟囱、电线杆等任何可能倒塌的高大建筑物或树木，要离开桥梁、立交公路，到空旷的田野较为安全。这样避免建筑物砸到或者砸伤你，甚至要你的性命，我说的你明白吗宝贝儿？""哦，我明白了。""还有震后如果被埋，设法避开身体上方不结实的倒塌物、悬挂物或其他危险物，然后慢慢搬开身边可搬动的碎砖瓦等杂物，扩大活动的空间。但是你搬不动时千万不要勉强啊，不然周围杂物可能进一步倒塌，不要乱叫，保持体力，等待救援"。小精灵转身边走边说："看来给大家讲讲预防地震知识是很必要的，祝你好运，宝贝儿。"过了一会，两个救护人员看见蹲着的阳阳，及时将阳阳带到大家避难的地方，当阳阳再次回头看小精灵的时候却发现它变成了原来的瓷娃娃躺在路边。

▎▎2.2　角色设定

　　有了剧本我们要开始动手设计制作动画中的角色和角色活动的背景了。

　　设计动画角色与静态角色图像不同，动画角色是以动态影像的形式制作出来的，所以在设计时要考虑到能够方便地赋予角色行为。例如，要让下面的角色做跑动的动作，由于复杂角色不能进行补间，要一一画出走路的分解动作；但是由简单形态构成的卡通角色即能够进行补间，又能够方便地逐帧画出，在设计时要特别注意这一点。

　　为了简化繁琐的原动画制作，Flash 动画以剪纸的形式制作。剪纸动画是将纸上剪下的角色图案放到背景上面，随着动作的进行给予位置变化的摄影技法，所以也叫"剪纸动画"。如下面制作的"行走的小和尚"，剪下纸上的头、身体、手臂和腿等，一一赋予行为再把它拍下来，如图 2-12 所示，Flash 也跟剪纸动画一样，将各个配件一一画好以后，把它转换成图形元件再进行补间，赋予行为，就成为动画，如图 2-13 所示。

　　在 Flash 中设计角色的注意事项：

　　其实在 Flash 中设计角色和在传统动画中设计角色没有什么本质的区别，只是在设计过程中所针对 Flash 工具本身的特性会有些不同。

　　必须要清楚的是，完全使用 Flash 去制作动画在通常状况下是一种调节形式动画表现手法。目前有自由组合的团队进行 Flash 动画创作，也有一些商业性大制作，尤其在商业动画制作中趋向于无纸动画。对于教学当中的项目实训，我们不建议采取太大或者制作时间太长的片子，最好以"小作坊"形式进行创作，一定要了解什么是可能，什么是不可能。因此，一部 Flash 动画的角色设计将决定该项目能否顺利完成。

1 chapter

2 chapter

3 chapter

4 chapter

5 chapter

6 chapter

7 chapter

1 module

2 module

3 module

4 module

1
chapter

2
chapter

3
chapter

4
chapter

5
chapter

6
chapter

7
chapter

1
module

2
module

3
module

4
module

图 2-12　复杂角色的分解动作（局部）

图 2-13　简单角色的所有分解动作（只要对它进行补间就是走路的动画了）

2.2.1　确立角色设计风格

对于动画故事中的角色设计，根据导演要求以及影片风格来决定，这个环节在导演阐述以后进行设计较好。一部好的动画角色设计往往能起到事半功倍的效果，从《米老鼠》中的米老鼠到《狮子王》中的狮王辛巴等，都是大家耳熟能详的动画角色，如图 2-14、图 2-15 所示。

图 2-14　米老鼠

图 2-15　狮子王

　　动画角色设计要依据故事风格，动画角色设计风格包括写实类，卡通类。几十年来卡通类动画早期开始的风格一直在动画领域占据一定的市场，影响力很大。卡通类角色的设计主要是设计者对大众心理的引导和认同，并符合大众原始的审美趋向。即便是很复杂的原型都可以变为设计者笔下可爱的形象。

　　卡通风格的造型力求简捷，表现力丰富，线条概括夸张，可以赋予角色新的生命力和活力。如动画片《大闹天宫》中的孙悟空形象，迪斯尼的唐老鸭等，如图 2-16、图 2-17 所示。

图 2-16　孙悟空

　　写实风格造型力求比例关系、形体关系和结构关系处理得当，要求以客观世界为基准，更加准确地表达客观对象的外表、内容等。作为写实动画在制作上不可能面面俱到，这就需要创作者从中提炼、概括、归纳，在保持原始对象特征的同时突出其典型性，精简、强化，而且有别于其他同类形象。创作写实动画，重点应提高形象的可读性，体现容易识别、个性鲜明的角色效果，如图 2-18 所示。

1
chapter

2
chapter

3
chapter

4
chapter

5
chapter

6
chapter

7
chapter

1
module

2
module

3
module

4
module

图 2-17　唐老鸭

图 2-18　卡通角色形象

实例操作：角色 1 设定案例

案例要点：

本案例根据剧本中角色设计该项目中角色，在确定角色以后，先用铅笔在纸上画出线稿，然后将该图片扫描或者拍摄转换成电子图片，在二维软件里（Photoshop、Flash、Illustrator 等）将设计好的角色进行勾线上色。

操作步骤：

具体操作过程如下：

步骤 1：先在纸上根据故事稿内容设计角色草图，并把草图进行商讨研究。每个人发表意见，提出对角色的见解和意见，取长补短。一直到角色符合主题，大家觉得满意为止。我们先看完成的角色 1 效果，如图 2-19 所示。

步骤 2：当基本的初稿确定以后，由角色设计人员用铅笔再画出线稿。在画的过程中，先画出头部和身体的每个部位的平行参考线，这样便于参考每个部位的高度以及大小，如图 2-20 所示。

步骤 3：把画好的铅笔线稿通过扫描或者用数码相机拍摄转换成电子图稿。

步骤 4：打开 Flash 软件，将用铅笔画好的线稿导入到库当中，并把背景大小设置为：550×400 像素，如图 2-21 所示。

图 2-19   项目中的卡通角色 1

图 2-20   角色线稿

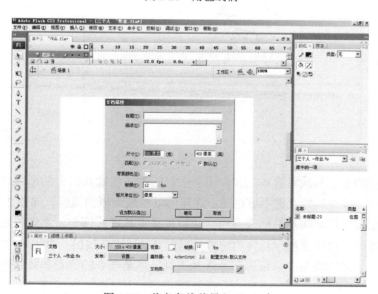

图 2-21   将角色线稿导入 Flash 中

1
chapter

2
chapter

3
chapter

4
chapter

5
chapter

6
chapter

7
chapter

1
module

2
module

3
module

4
module

步骤 5：勾线上色。上色可以根据颜色指定，在二维软件里（如 Photoshop、Flash 等）先用钢笔工具或者直线工具根据铅笔线稿把轮廓线勾画出来，本案例在 Flash 里完成，如图 2-22、图2-23 所示。

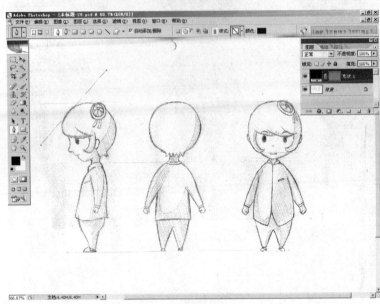

图 2-22　在 Photoshop 中进行勾线

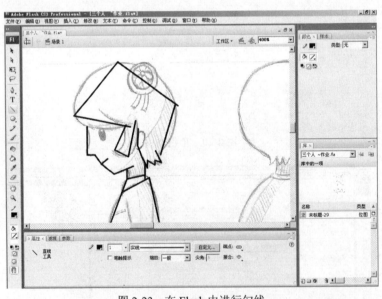

图 2-23　在 Flash 中进行勾线

步骤 6：选择钢笔工具或者直线工具，根据手稿的边线轮廓画出大的形体。若是使用钢笔工具，在确定一个点后按住鼠标左键不放拖动，这样可以生成大概的弧线，如图 2-24 所示。若是使用直线工具，根据参考图形概括性地画直线，并用选择工具进行调整。在调整过程中当鼠标光标右下端出现半弧线时才可以使用，在转折部分可以配合 Alt 键拖拽出一个尖角，如图 2-25 所示。

步骤 7：删除多余的线条，再选择部分选择工具，将某些点的位置和弧度进行调节，使线条流畅、平滑，如图 2-26 所示。

图 2-24　钢笔勾线

小弧线 ←

图 2-25　光标弧线

图 2-26　删除多余线段

1 chapter

2 chapter

3 chapter

4 chapter

5 chapter

6 chapter

7 chapter

1 module

2 module

3 module

4 module

步骤 8：选中所有线条，用选择工具框选或者利用在线条上双击全选中线条，打开"属性"面板，将线条的模式改为极细。查看那些线条端口是否封闭，若没有封闭则进行手动调节，并将其颜色改成黑色，阴影线用红色，将线条粗细数值改为 1，如图 2-27 所示。

图 2-27　选择极细笔触

步骤 9：根据颜色指定，在填充颜色里输入颜色的 RGB 数值，输入完毕后按 Enter 键，然后选择颜料桶工具进行填充，如图 2-28 所示。

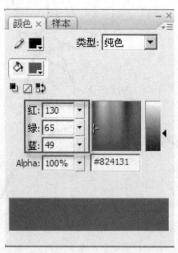

图 2-28　输入红、绿、蓝颜色值

步骤 10：将所有的颜色填充好以后，制作脸部腮红。用椭圆工具将边框颜色设置为无，填充颜色设置（颜色十六进制为#FEADB8），进行画圆，如图 2-29 所示。

步骤 11：将刚画好的圆转换成影片剪辑元件，打开"滤镜"面板。把滤镜效果设置为模糊并调节模糊参数，如图 2-30 所示。

1
chapter

2
chapter

3
chapter

4
chapter

5
chapter

6
chapter

7
chapter

1
module

2
module

3
module

4
module

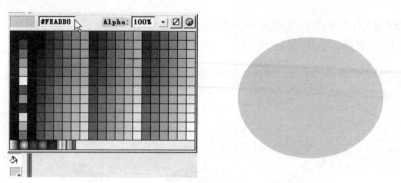

图 2-29　颜色的十六进制数值

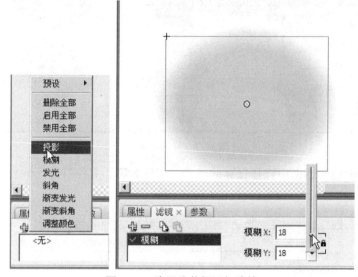

图 2-30　给影片剪辑添加滤镜

步骤 12：调整好大小的圆放角色脸部适当位置，并把区分阴影的分割线选中删除，如图 2-31 所示。

图 2-31　调节元件大小

1
chapter

2
chapter

3
chapter

4
chapter

5
chapter

6
chapter

7
chapter

1
module

2
module

3
module

4
module

1
chapter

2
chapter

3
chapter

4
chapter

5
chapter

6
chapter

7
chapter

1
module

2
module

3
module

4
module

步骤 13： 按同样的方法制作其他角度的角色。制作完成后删除背景参考图片，选择"文件"
→"导出"→"导出图像，如图 2-32 所示。

图 2-32　导出图像

步骤 14： 在弹出的对话框中选择保存的路径、文件名称、文件格式，单击"确定"按钮完成，
如图 2-33 所示。

图 2-33　选择导出图片类型

步骤 15： 用同样方法制作该项目角色 2，制作效果如图 2-34 所示。

2.2.2　角色的比例及多角度转面关系

在一部动画片中有好多动画角色，他们之间有大有小，有胖有瘦，形态各异。画出角色比例图可
以让整部影片更好地遵循角色的比例关系，明确角色的身份、职业，以及性格特征，如图 2-35 所示。

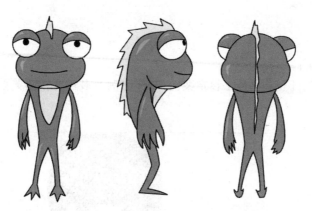

图 2-34 项目中的卡通角色 2

图 2-35 选自《森林故事》

　　一般情况下设计人员要根据要求，如果要结合三维软件制作，那么就需要设计相关的三视图，主要是为了给三维建模人员做参考使用，所以其准确度要求比较严格。为了让角色在整个动画中达到统一性，一般包括角色的以下几个角度：正面、正侧、背面、正 45 度转面，如图 2-36 所示。

图 2-36 选自《密石奇踪》

实例操作：角色的比例及多角度转面关系案例

案例要点：

　　角色的比例图和多角度转面是为了更好地观看角色的大小高宽以及角色的不同角度。在项目当中让制作人员了解和掌握角色的比例以及多角度转面是非常必要的。这样在制作过程当中能始终把握全局。

1 chapter
2 chapter
3 chapter
4 chapter
5 chapter
6 chapter
7 chapter
1 module
2 module
3 module
4 module

操作步骤：

具体操作过程如下：

操作步骤同实训项目——角色 1 设定案例，制作比例及多角度转面关系效果如图 2-37、图 2-38 所示。

图 2-37　项目中角色比例图

图 2-38　项目中角色转面图

2.2.3　角色的头部视图

角色的头部视图主要用来给原画制作以正确的角色头部空间、体积、尺度、结构等。一般有头部仰视、正面平视、俯视、正侧等，如图 2-39 所示。

图 2-39　项目头部视图

实例操作：角色的头部视图案例

案例要点：

角色的头部视图是为了更好地观看角色的头部在不同角度下的状态。在项目当中让制作人员了解和掌握角色的头部视图是把握角色保持造型或角色本身不发生重大变化。

操作步骤：

具体操作过程如下：

操作步骤同实训项目——角色 1 设定案例，制作效果如图 2-40 所示。

图 2-40　项目中角色头部视图

1
chapter

2
chapter

3
chapter

4
chapter

5
chapter

6
chapter

7
chapter

1
module

2
module

3
module

4
module

1
chapter

2
chapter

3
chapter

4
chapter

5
chapter

6
chapter

7
chapter

1
module

2
module

3
module

4
module

2.2.4　惯用表情图

一个角色要活灵活现，不仅要有丰富的动作，还需要极其完美的脸部表情。惯用表情图是选择角色具有代表性的表情、眉眼的表情变化，嘴部表情变化等。一般有角色的喜、怒、哀、乐、悲伤、恐惧，如图 2-41、图 2-42 所示。

图 2-41　女孩表情图

图 2-42　男孩表情图

实例操作：惯用表情图案例

案例要点：

角色的惯用表情是角色在制作动画过程中根据感情需要所展现出来的脸部造型，绘制出角色惯用表情有利于制作人员在动画制作过程中更好地把握表情动作。

操作步骤：

● 　具体操作过程如下：

操作步骤同实训项目——角色 1 设定案例，制作效果如图 2-43 所示。

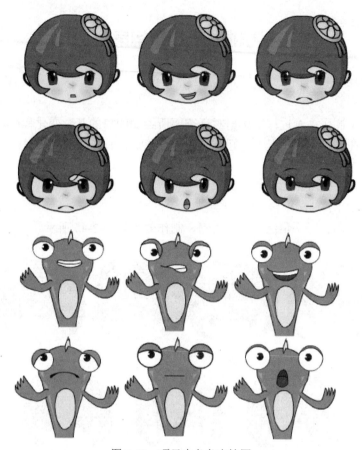

图 2-43　项目中角色表情图

2.2.5　口型图

　　说话是大部分动画角色必不可少的环节（除无对话动画），我们常常把角色口型概括归纳为 A、B、C、D、E、F 六种，日式和美式动画的口型有些区别。一般情况下二维动画当中口型的表现分层来制作，而三维动画中则依靠控制器来调节，相对应的也要复制出好多的头部模型，把六种不同的口型调节好，如图 2-44 所示。

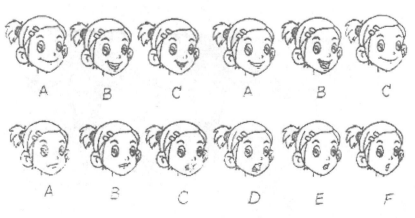

图 2-44　日式、美式口型图

1 chapter
2 chapter
3 chapter
4 chapter
5 chapter
6 chapter
7 chapter
1 module
2 module
3 module
4 module

实例操作：口型图案例

案例要点：

角色的口型图是制作动画过程中根据对话需要所绘制的口的开合变化程度，绘制出角色口型图有利于制作人员在动画制作过程中更好地把握角色在说话时口型的准确对位和变化。

操作步骤：

具体操作过程如下：

操作步骤同实训项目——角色 1 设定案例，制作效果如图 2-45 所示。

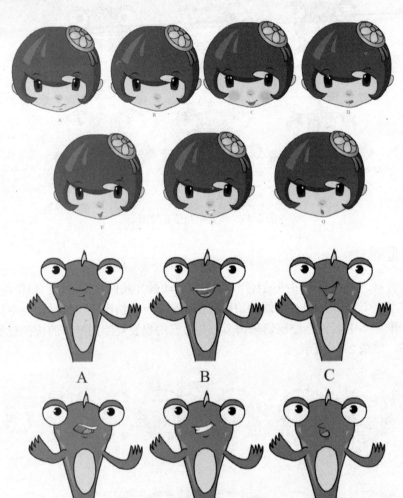

图 2-45 项目中角色口型图

2.2.6 服装、道具、饰品

在角色设计中除了角色本身的造型外，服装和道具、饰品的设计也能体现角色的时代特征、职业特点以及性格特点，不同时期、不同地域、不同民族的服装要有它自己的特色，有时要参考历史文献提供影片所需的角色信息，如图 2-46 所示。

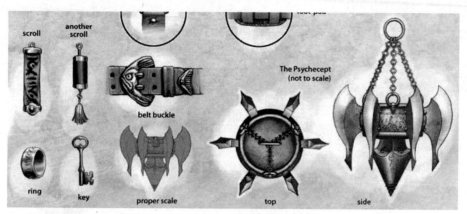

图 2-46 角色道具

实例操作：服装、道具、饰品案例

案例要点：

把项目中角色所处的环境小道具、服饰、小配饰等都绘制表现出来。

操作步骤：

具体操作过程如下：

操作步骤同实训项目——角色 1 设定案例，制作效果如图 2-47 所示。

图 2-47 项目中角色道具

2.2.7 颜色指定

目前不管是传统动画还是 Flash 动画上色大多采用计算机软件，这样大大提高了工作效率，制作上也趋于精细、完美、准确。利用颜色指定图可以更加准确地填充角色在整个动画中色彩的

1 chapter

2 chapter

3 chapter

4 chapter

5 chapter

6 chapter

7 chapter

1 module

2 module

3 module

4 module

统一性。一般在指定颜色时由颜色样本的色彩标号或者是颜色的 RGB（red、green、blue）数值来确定颜色，如图 2-48 所示。

图 2-48　颜色指定图

实例操作：颜色指定案例

案例要点：

颜色指定是通过颜色指定人员对角色进行的颜色指配，在制作动画过程中对该角色要保持指定颜色的统一性，即颜色的 RGB 数值或者颜色成分的比例，供上色人员取样参考用。

操作步骤：

具体操作过程如下：

步骤 1：根据设计好的角色效果图，用软件勾线上色，如图 2-49、图 2-50 所示。

图 2-49　手绘效果图

步骤 2：将角色身上的每一块颜色进行取样，在一边绘制方块进行填充或者写出其 RGB 数值，把同一色调的不同明暗都一一表现出来，制作完成如图 2-51 所示。

图 2-50　勾线上色

图 2-51　颜色指定

1
chapter

2
chapter

3
chapter

4
chapter

5
chapter

6
chapter

7
chapter

1
module

2
module

3
module

4
module

2.3 分镜头绘制

Flash 项目实训或者短片制作也同样要有分镜头的指导，这个环节往往基于角色设定好以后进行绘制。分镜头作为导演对整个影片的整体构思和设计蓝图，是整个影片的工作人员的参考和使用依据，也是项目是否顺利进行的重要保证，是导演、影片风格以及节奏的"施工图"。

分镜头一般分为画面分镜头台本和文字分镜头台本。文字分镜头台本是把要制作出来的画面用文字叙述的方式表达出来，言简意赅、一目了然，一般由导演执行制作。它是把剧本或者故事稿变成可视性的镜头画面，镜头跟镜头之间由导演安排衔接，讲述情节内容。画面分镜头台本是由画面讲述故事的发展，以绘画的形式表现出来，清楚地展现故事的发展环境，应用镜头语言和文字说明的形式，对剧中角色的动作设计、对话、景别、特效、时长等加以说明或者描述。另外分镜头画面台本不仅仅是把整个剧情和人物动作及场景变化等体现出来，更重要的是，必须把能够推动故事情节发展的一条内在逻辑线索清楚地展现出来。这是一种叙述的方法，这种方法区别于一幅幅的连环画的变现方法，分镜头画面台本应该是影片的简洁版。每个镜头之间的转场过渡，音效，要求计算出每个镜头所需的时间长度，至少角色动作所需的时间。这就要求分镜头绘制人员要把控整个影片的节奏、故事的逻辑架构，经过深思熟虑思考设计的"施工图"，如图 2-52、图 2-53、图 2-54 所示。

镜号	景别	画面内容	声音
1	全	热闹的夜市街口，各种小吃摊热气朝天，一个穿着华丽的旗袍、提着手袋的女子站在一面挂着"福尔康瓜子"大幅招牌的卖瓜子的铺子前。（外景镜头可取自王府井小吃一条街）	（夜市上各种叫卖声）（女声，悠远地）：每个人都有她特别怀念的食品，
2	字幕 特写	（字幕）上等的绿茶原汁浸煮（特写）在翻滚的茶叶的汤锅里隐隐见到瓜子的踪影（字幕）精选的南瓜子（特写）拉着风箱的炉子和红红的火炉，表示瓜子经过煮制之后再经过烘干处理。	（女声，悠远地）就像福尔康绿茶瓜子。
3	近 特	扎着围裙的摊主满面笑容地将瓜子过秤然后倒入特制的福尔康纸包装袋里（特写）圆滚饱满地瓜子倒入印制精美的福尔康纸包装袋内，（特写）"福尔康"三字。	（女声，悠远地）：在我的记忆中留下抹不去的清香。
4	全	女子接过瓜子，身边的一个风度优雅的画家，捡起女子不小心掉在地上的手绢，女子一脸错愕，随即宛尔一笑，匆匆道谢离去，男子久久目送她的身影消失在人流中。	（女声，悠远地）：那思念的清香里，还有他———
5	全	画家疾步走在女子消失的那条街口，空寂的街头，似乎四处都可见女子美丽的身影闪烁、隐藏，表示男子的失落与急切的心情。	（优美的音乐）
6	全	画家满脸焦急再次来到福尔康瓜子铺，和店老板商量，在包装上比划着，请求为福尔康瓜子手绘包装袋，此时，来这里买福尔康瓜子的人络绎不绝，每人手上拿着的都是有"福尔康"三字的包装袋。	
7	全 特	在深夜空寂无人的街头，满大街上都是用竹竿挑起福尔康瓜子的外包装袋，（特）包装上画的是女子的身影。男子伫立街头，用这种特别的"寻人启事"，寻找那个夜市上见到的女子。	
8	近	女子拿着一包印着自己身影的福尔康瓜子一边端详，表情若有所思。	
9	全 近	时光飞梭，红颜渐老。一个午后，阳光照在小小的方桌上，方桌上放着一套茶具和一包福尔康瓜子，优雅而成熟的女子悠闲地坐在旁边的靠背椅里面。	（女声，深情地）：难以忘怀的滋味。
10	全	画面以古老的街道为背景，福尔康瓜子外包装出现在整个画面的右下边。	（女声，深情地）：福尔康绿茶瓜子。
标版			

图 2-52 文字分镜头脚本片段

STORY-BOARD **MICKEY 3D** "Respire" planche N°1
André Bessy, Jérôme Combe, Stéphane Hamache

图 2-53　《呼吸》动画的脚本片段

图 2-54　《呼吸》动画的视频片段

通过把每一个分镜头合成衔接，配以声音制作成影片的小样，进行反复观看，导演可以随时发现问题解决问题，有不满意的地方及时修改，这样可以大大节省制作时间。所以分镜头不仅是项目制作的"施工图"，也考验导演的能力。

分镜头一般有竖排和横排，不管是竖排还是横排其内容包括：片名、集数、镜号、画面、对话、特效、时间长度等，各个公司根据自己情况而定，使人看了画面和各项目的文字说明后，就会非常清楚地了解这个镜头的意思和导演的要求，如图 2-55、图 2-56 所示。

2.3.1　镜号、时间和画面的填写

把台本以动画的表现方式分解成一系列可摄制的镜头，是将剧本转换为可视画面的第一步，包括人物移动、镜头移动、视角转换等，并配以文字说明。其目的是把动画中的连续动作分解成单个的画面，旁边标注画面的运镜方式、人物对话、附加说明、声音效果、特效等。导演画好分镜头画面后，就必须根据台本稿纸上标明的要求，逐一填好。

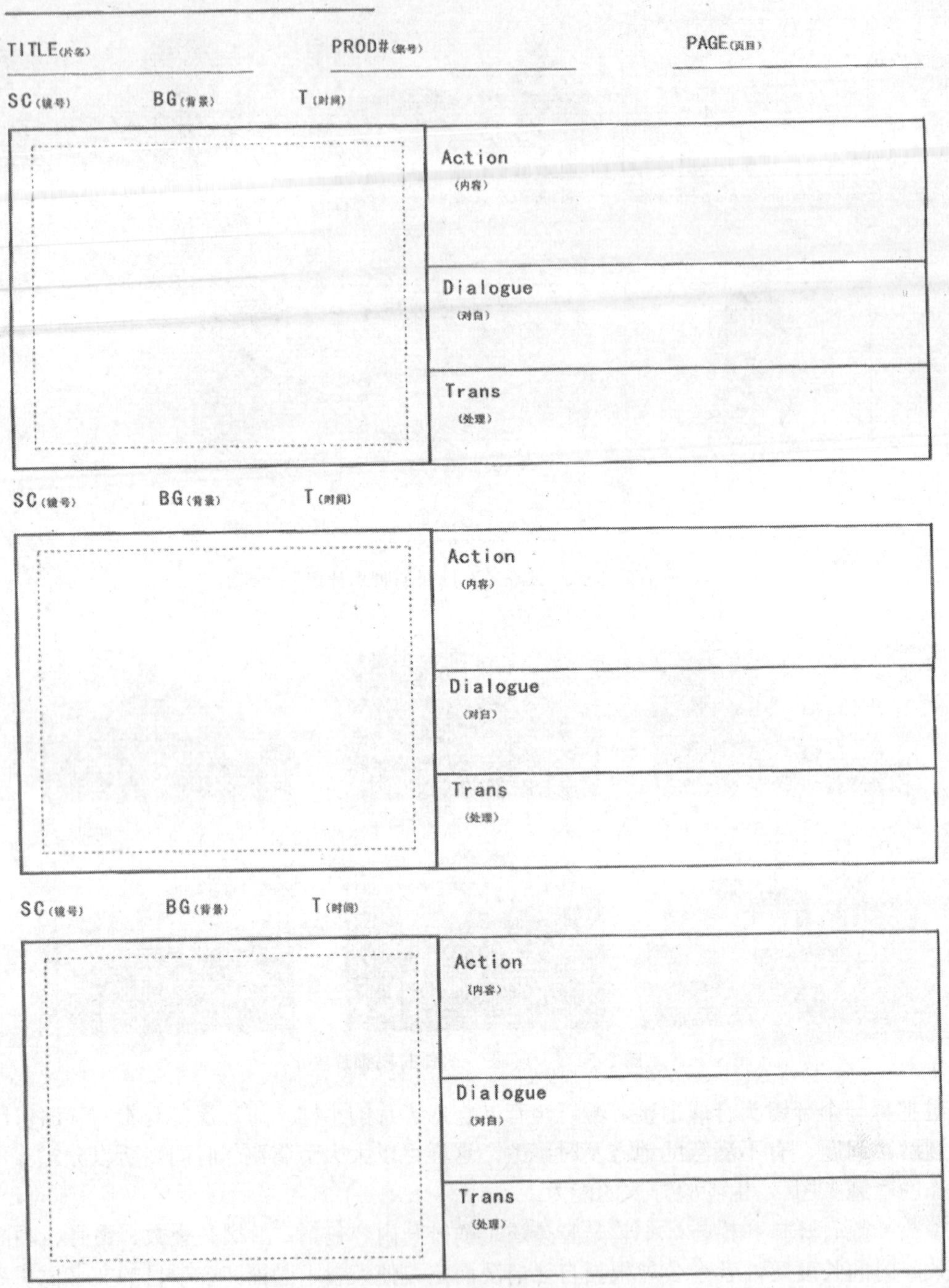

图 2-55 竖排分镜头台本

镜号，是镜头顺序号，按镜头先后顺序，用数字标出，它可作为某一镜头的代号。如果需要对某些镜头进行填补，应该借用前面一个镜号，再加上英文字母就可以了。如在镜号 SC-1 和 SC-2 之间要增加 2 个镜头，那么就要写成 SC-1A、SC-1B。如果某些镜头觉得有些多余，需要删减，那么就把删除的镜头作为缺号，并表明某某号不使用。也可以在缺号的镜号上同时写上缺号的号码，以示这一镜头同时代表着两个或三个镜头。如果不这样处理，就很容易给以下的各道工序造成误解，误以为少了镜头。

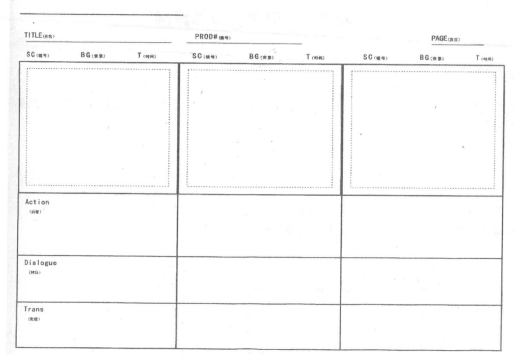

图 2-56　横排分镜头台本

2.3.2　分镜头画面注意事项

（1）分镜头在项目中从头到尾指导各项工作的顺利进行，它是导演对整个影片的构思的体现，也是设计稿绘制的主要基础。画面要体现影视动画的镜头画面内容及细节安排，其中包括人物、背景、景别、透视变化等，要在规定的情景中，把人物的动态和表情明确画好，让其他人员一看就明白是表达了角色的什么感情和动作。另外，把人物与背景的关系、人物如何调度、进画出画的方向、人物动作的范围和幅度，以及动作的方向都要明确地表现出来，也可以用一些箭头加以示意。镜头的运动方向、推拉的起止位置、背景移动的方向和长度，也都要一一标明，有时要画出光源的光照方向及人物身上的阴影。这些都要让制作者一目了然。

（2）在填写内容时，用简明扼要的语句来概括分镜头画面表述的内容，在这一栏里用一些文字叙述清楚该镜头的背景、地点、时间、角色做何事，是何表情以及画面效果和气氛的提示等。由于分镜头绘制的局限性，黑白、绘画空间又小，这就更要求绘制人员尽量采用文字提示来告诉创作人员要注意什么，应该怎么去做，包括画面的色彩、环境等。

（3）在绘制分镜头时有对话的脚本，必须在对白栏里填写清楚某角色的对白，如果对白太长，在一个镜头栏里写不完，可以在后用省略号，表示顺延到下一镜头，在下一镜头的对白栏中，再加上角色的名字，继续写清对话内容。若画面中不出现角色的对白，属于话外音，用 OS 表示，再在旁边写上角色名字和对话。

（4）在处理栏上主要填写对镜头语言的应用，绘制人员要把镜头和镜头之间的艺术处理和技术处理写清楚。镜头语言的合理应用，让观众以最容易接受的方式明白画面的意思和内容之间的衔接。运镜的方式有推镜、拉镜、摇镜、移镜、跟镜、叠镜等。

总之，分镜头尽量对有疑问的地方加以说明，让每个工序的人员更快捷、更清楚地明白导演的意图。

1
chapter

2
chapter

3
chapter

4
chapter

5
chapter

6
chapter

7
chapter

1
module

2
module

3
module

4
module

实例操作：分镜头绘制案例

案例要点：

分镜头是动画制作的施工图，本案例通过分镜头的绘制和制作表达故事的发展，通过基本的镜头语言和镜头表现方式。

操作步骤：

具体操作过程如下：

步骤1： 通读故事稿，在脑海中大概构思画面效果。

步骤2： 准备制作分镜头台本，如图2-57所示。

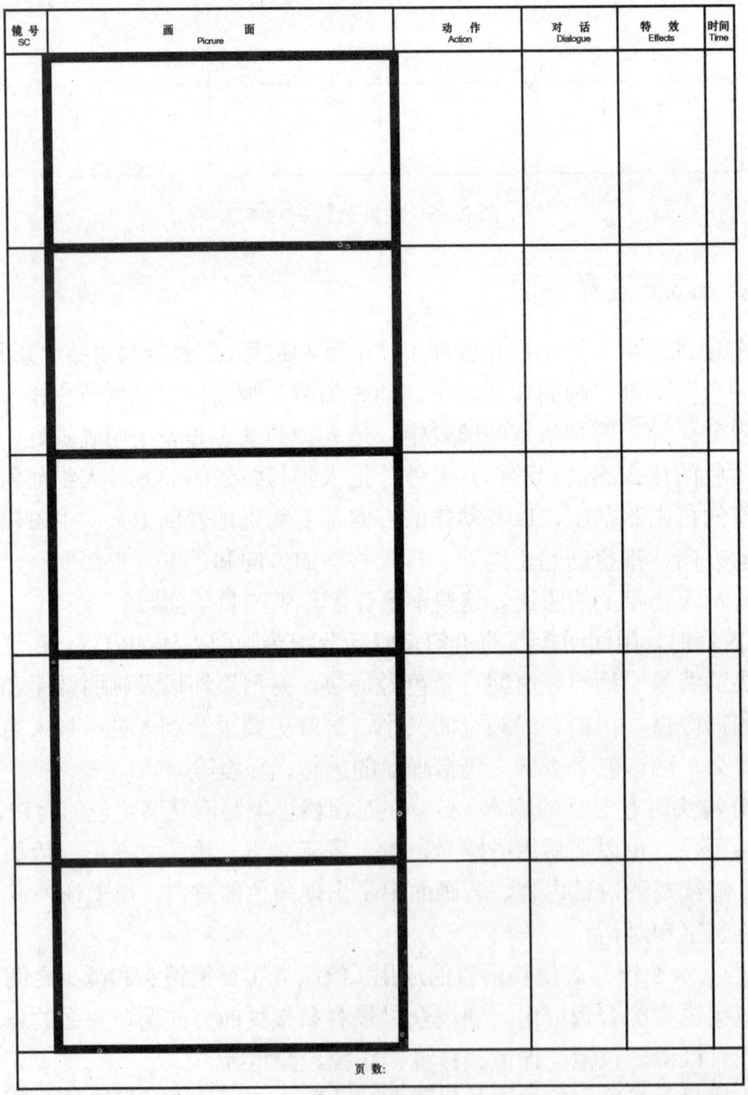

镜号 SC	画　面 Picrure	动　作 Action	对　话 Dialogue	特　效 Effects	时间 Time
页　数：					

图 2-57　制作的分镜头台本

　　步骤3：分镜头台本中第1～3框整体绘制背景，用向下移镜交代故事发生的时间、地点和环境氛围。整个风格以卡通形式表现。第4框切镜，近景窗户、窗帘在微风中摆动。第5框镜头转换至屋内，是主角正在休息的画面，镜头从A移至B，表现一切跟往常一样，为后面地震发生形成反差，说明地震的突然性，如图2-58所示。

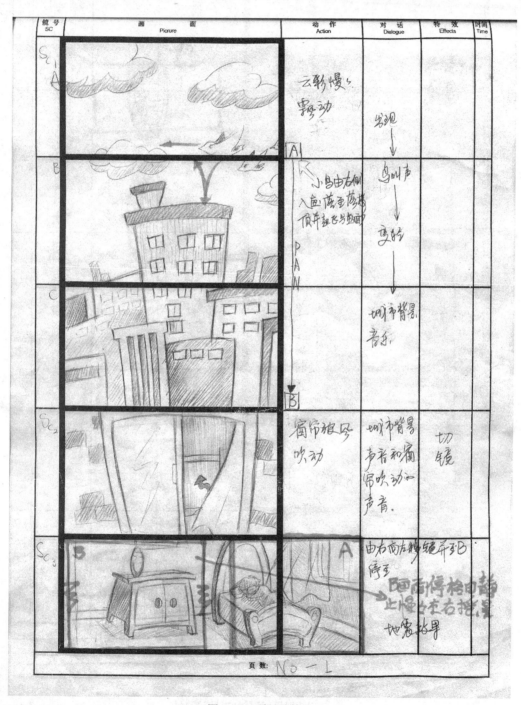

图2-58　项目分镜头

　　步骤4：镜头从瓷瓶特写拉至瓷瓶全景，表现晃动。用跟镜表现瓷瓶落下并且打碎，打碎声惊醒正在休息的阳阳，用特写交代眼睛，如图2-59所示。

1 chapter
2 chapter
3 chapter
4 chapter
5 chapter
6 chapter
7 chapter
1 module
2 module
3 module
4 module

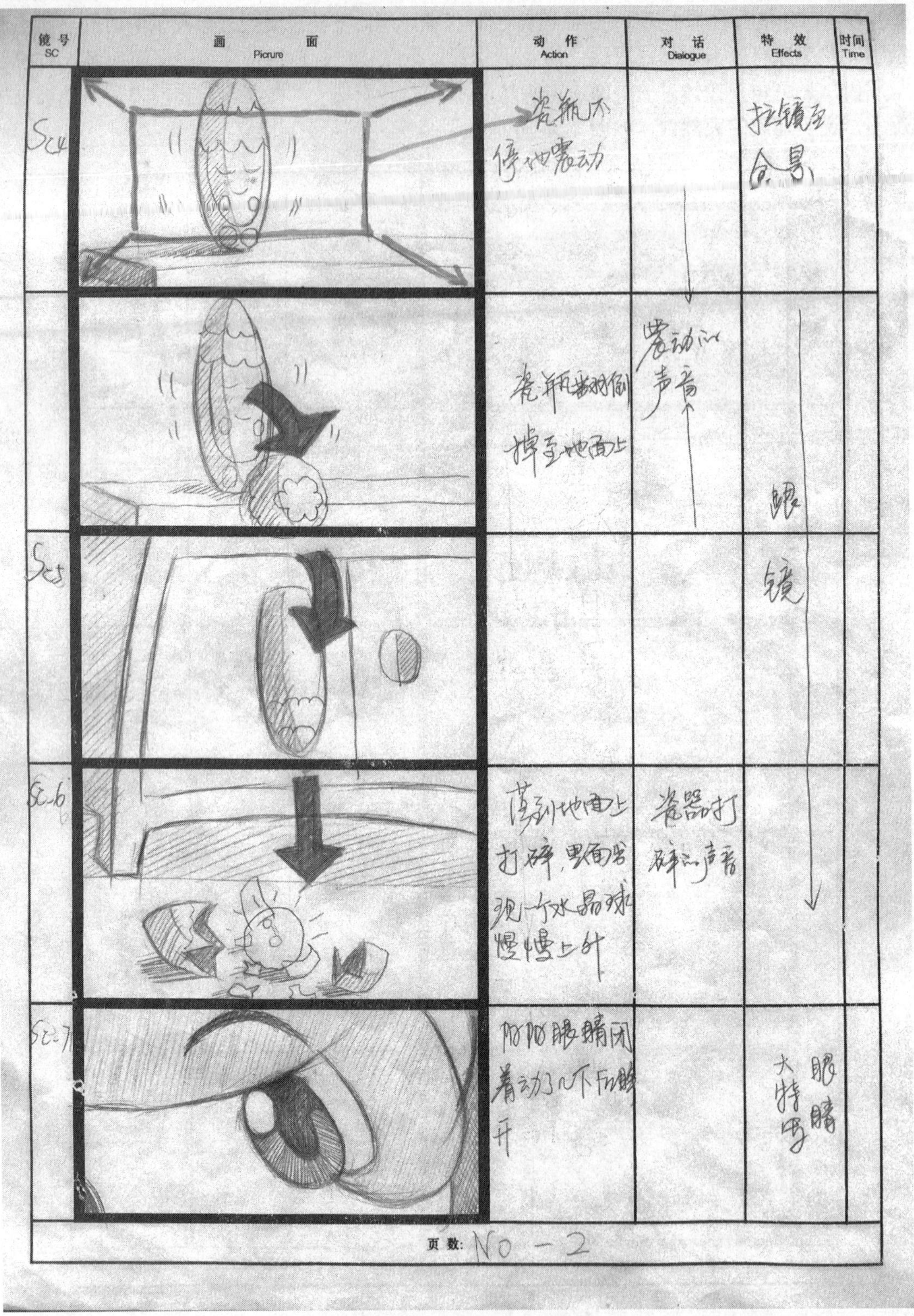

图 2-59　项目分镜头—打碎瓷瓶

步骤 5： 第 8 镜起角色阳阳起身表现惊讶，看到地上的水球，伸手去拿，不料在水球中跳出一个精灵，阳阳猛缩回手，如图 2-60 所示。

图 2-60 项目分镜头—出现精灵

以上为项目中的一部分分镜头台本作为范例，后面我们将根据以上台本来进行制作。

2.4 场景设计

动画背景是角色活动的环境，不同的场景需要不同的背景图，背景图的展示能让观众直接知道

1 chapter

2 chapter

3 chapter

4 chapter

5 chapter

6 chapter

7 chapter

1 module

2 module

3 module

4 module

这是在哪里发生的，所以绘制背景的时候要注意与主题紧密结合，同时也要与角色保持统一，在风格和色彩的设置上要与角色相容。背景色彩方面也不要太突兀，避免角色没能引起观众的注意。

动画背景是动画片故事发展的空间和时间环境氛围，是构成动画片的主要元素之一，它的优劣直接决定着整个动画的好坏。它不仅要求在美术设计上达到一定的高度，而且在风格上有一定的独特区分，它可以烘托动画的氛围。将背景进行环境的渲染，加之空间的透视关系再度创作，就是动画的场景。

现代动画的场景形形色色，尽可能地把传统绘画艺术的元素都融合到了场景当中，如写实类、卡通类、水墨类、插画类等。早期动画大多采用纯手工绘制作场景，花费时间较长，表现力丰富，艺术感强。现在借助计算机软件则更进一步追求写实性。不管哪种制作手段，只要能提高效率，增强可塑性和观赏性我们都可以采用。

场景的功能和作用除了满足角色的表演外，更加强调现代视觉审美和镜头语言的处理，将动作与场景完美的结合。同时它还具有表现社会空间、心理空间的任务。它与动画角色之间是紧密联系的互动关系。因此，可以对场景设计和运用进行规律化的分析。

（一）场景有塑造空间关系的功能

动画场景设计是以一定的物质材料为媒介，通过线条、形体、色彩和肌理等造型因素，在平面和立体空间中创造可视的静止的艺术形象。造型性、视觉性和空间性，是动画场景设计的基本特征。因此，动画属于空间性视觉艺术。空间性是动画场景作为视觉艺术的立足之本。

1. 物质空间

物质空间有满足人们生活需求的主要特征，有的也叫叙事空间，是由天然及人造的景物构成的可视环境空间，是动画作品情节和故事发生、发展得以展开的空间环境。它必须符合动画片的剧情内容，体现时代特征、事件的性质及特点，体现剧情发生的地域特性、历史时代、民族文化和角色特征，在场景内融入场景外概念，并且把以场景景观为主的场景设计转变为有文化内涵的主题性场景。

2. 社会空间

社会空间是人与人之间的一种社会关系的综合形象，它是一个虚化的物质空间，是抽象的，但有具象的特征表现。社会空间主要是通过物质空间的环境和道具以及角色的服饰、行为方式等具象的东西表现出来。从个性空间出发，可以交代角色生存的氛围，从社会空间出发，它是地点、文化、时代特征等人为信息。社会空间可通过观众的联想与抽象思维来展开故事情节的高潮，通过特定的历史阶段与情绪来为动画片做铺垫。

3. 个性空间

个性空间是相对社会空间而言的。它是由自然环境、人造环境构成具体的角色生存空间或环境画面，它体现故事发生的时间、地域、文化、职业、身份、年龄、性格、喜好等特征，交代和陈述与故事情节、内容、角色设定直接相关的环境和空间，作出准确的镜头定位。

（二）场景有营造情绪氛围的功能

1. 渲染气氛

渲染气氛主要指角色表演与所处景物空间环境的结构布局、色彩搭配、表演空间、特定情绪等。例如痛苦与悲伤、孤独与落寞、凄凉与冷漠、压抑与奔放、浪漫与温情、可爱与恬静等，它将特定的剧本内容通过镜头切换、场景的合理调度，利用不同角度、光效、色调、道具及特效技巧，进行人景间的立体艺术空间构造，完美展现镜头的综合艺术风格和最终效果。

2. 表达意境

场景通过色彩，线条等艺术表现手段来渲染气氛、传达故事所蕴涵的意境。

在写实风格中，我们可能参考一些具体的实物，借助平面和绘画软件二度创作，在创作过程中提炼归纳，概括，如图 2-61、图 2-62 所示。

图 2-61　写实类场景

图 2-62　三维写实类场景

卡通类场景主要与表现的角色风格相统一，具有活泼、阳光的感觉。大多物体具象都被简化，概括，如图 2-63 所示。

中国的水墨动画中应用到水墨背景，更具有传统的经典意蕴和独特的笔墨效果，如图 2-64 所示。

插画场景色彩亮丽，概念与抽象并存，具有很强的时尚视觉冲击力，如图 2-65 所示。

1 chapter

2 chapter

3 chapter

4 chapter

5 chapter

6 chapter

7 chapter

1 module

2 module

3 module

4 module

图 2-63　卡通场景

图 2-64　水墨画场景

图 2-65　插画场景

在 Flash 中设计场景的注意事项：

（1）根据分镜头需要，通过设计稿制作相应的场景。

（2）前后背景的分层。在制作过程中如果要使背景达到合理的运动，就需要前面的背景和后面的背景分层绘制。

（3）色彩的处理。根据色彩的空间关系，色彩上应是近暖远冷。

（4）在制作背景的风格上尽量保持和主题角色的风格相统一，不然会造成脱节或者画面不协调。

（5）如果是写实类表现形式，则要求场景的透视变化正确。

实例操作：场景设计制作案例一

案例要点：

背景在动画片中起着重要的作用，因为观众最终看到的是角色加背景的整体的画面效果。背景的功能之一是清楚地交待故事发生的特定地点、环境与道具等。并为情节与角色表演营造出恰当的气氛。

操作步骤：

具体操作过程如下：

根据以上分镜头案例中需要，大体可分为两个场景，即户外和室内，制作过程中可根据镜头的需要，分析整体画面的大小。先从 SC_1a、SC_1b、SC_1c 分析，三个镜头构成一个大的户外场景。

步骤 1：将分镜头中的画面在 Photoshop 中截取出来，如图 2-66 所示。

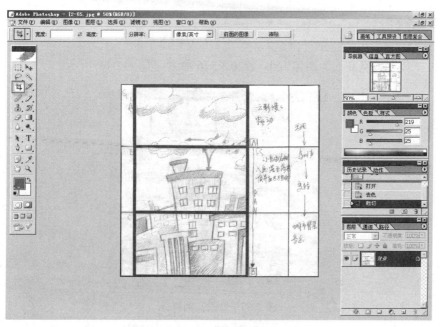

图 2-66　在 Photoshop 中处理分镜头

步骤 2：将截取好的图片保存，打开 Flash 软件并且导入该图片，如图 2-67 所示。

1 chapter

2 chapter

3 chapter

4 chapter

5 chapter

6 chapter

7 chapter

1 module

2 module

3 module

4 module

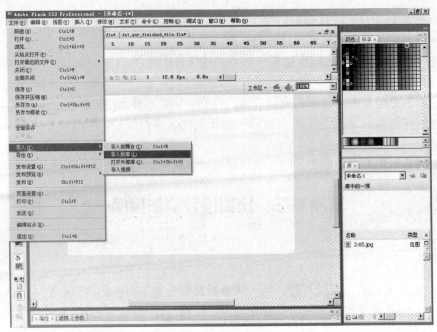

图 2-67　导入到库中

步骤 3：将图片拖到舞台当中。为了使图片比例大小不变，单击图片，打开"属性"面板，单击锁定选区高宽比例，在宽度栏输入 720，把 X、Y 数值改为"0"，如图 2-68 所示。

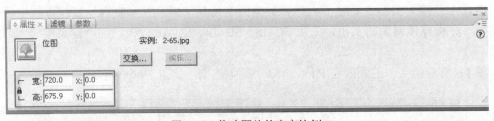

图 2-68　修改图片的宽高比例

步骤 4：把背景的宽高改为图像大小，720×576 像素，如图 2-69 所示。

图 2-69　修改文档属性

步骤 5：分析画面内容。该画面根据分镜头说明，可分别制作云、天空、小鸟、楼房，有动画的内容可单独分层制作，如图 2-70 所示。

图 2-70　分别制作元件

步骤 6：锁定参考图。插入新图层，根据参考图轮廓用直线或者钢笔工具勾出矢量线框，如图 2-71 所示。

图 2-71　勾出元件线框

步骤 7：选中绘制好的线条，单击"修改"→"形状"→"将线条转换为填充"命令，并且把线条两端调成动态效果，如图 2-72 所示。

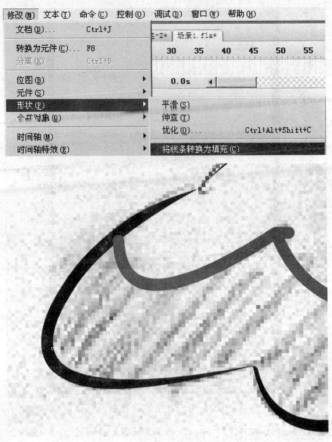

图 2-72　将线条转换为填充

步骤 8：同样的方法绘制出楼房、云彩的线框并进行颜色填充，背景用渐变色填充，完成效果如图 2-73 所示。

图 2-73　场景

按"实训项目——场景设计制作案例一"的制作方法制作实训项目——场景设计制作案例二，场景二根据镜头主要是室内的空间环境，分镜头图稿如图2-74所示。

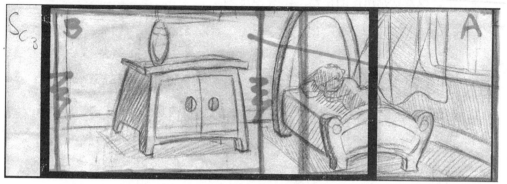

图2-74 室内场景分镜头稿

制作完成效果如图2-75所示。

图2-75 室内场景完成稿

▌▌2.5 动画设计稿

动画设计稿

动画设计稿是根据动画画面分镜头，对动作设计、分解、场景设计以及场景和角色之间镜头画面进行设计，是对分镜头单个画面的分解和拓展细化。它是原画、动画、背景等后续工作的施工图，是进行动画制作过程中的重要环节。动画当中的镜头语言，如推、拉、摇、移、跟等，景别当中的近景、中景、远景、全景、特写、大特写等，这些都是根据分镜头创作以后，利用设计稿设定的动画路线、范围、幅度之后创作出来的。动画设计稿环节直接决定动画质量的好坏，是制作项目的转折，之前是看能否把创作人员或者导演的意思表达出来，实现创作的本意，准确地把每一个镜头每一个动作要求表达出来，之后是下一步的工作，也是原画创作阶段，原画师能否创造具有艺术质量的动作原画，有着直接的关系。

1 chapter

2 chapter

3 chapter

4 chapter

5 chapter

6 chapter

7 chapter

1 module

2 module

3 module

4 module

传统动画的设计稿和 Flash 动画的设计稿相比会更加复杂，但是万变不离其宗，大体的原理都是一样的。如对一些角色的位置的变化，那么我们不仅要参考画好的背景图，还要用规格框来参考角色的大小，以及景别所占的格数，如图 2-76 所示。

图 2-76

在 Flash 动画当中，我们把在传统动画当中要分层的内容单独制作成相应的元件，省去传统动画好多的中间环节。

但是画面安全框也是要的，为了确保画面内容完整，必须要设定一个参考安全框，如图 2-77 所示。

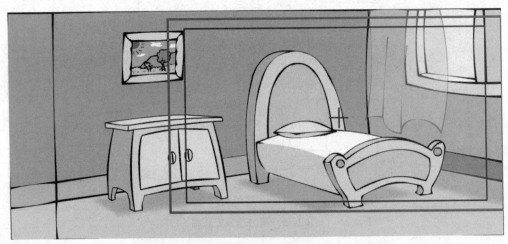

图 2-77　画面安全框

实例操作：动画设计稿制作案例

案例要点：

我们以项目中前三个镜头为例进行制作。制作前先认真思考分析导演意图。前三个镜头用了向下移镜，从第一个镜头的天空到楼房，而且在第一镜的云慢慢飘动，另有小鸟从右边画面飞入。这样我们可以根据看到的这些意思将画面分解，云、小鸟、背景天空要单独分开制作元件。

操作步骤：

具体操作过程如下：

步骤 1：把前景的楼房、背景、云彩、小鸟分别制作元件，如图 2-78 所示。

1
chapter

2
chapter

3
chapter

4
chapter

5
chapter

6
chapter

7
chapter

1
module

2
module

3
module

4
module

图 2-78 独立元件

步骤 2： 从镜头整体看，是一个从上向下的移动镜头，这个动画是"父"动画。而且小鸟、云彩都有动画，我们把这些动画叫"子"动画，是嵌套在"父"动画里面的，我们把这种动画叫嵌套动画。最后将它转换成一个整体的动画元件，并对它进行推、拉、摇、移镜头的设置，如图 2-79 所示。

图 2-79 标注运动体的方向

总之，设计稿制作环节是不能忽视的，它直接决定着原画、动画的开展，是能否体现动画镜头的分解，位置安排是否合理的有力保障。

 实训小结

通过本模块的学习我们了解了 Flash 动画前期的制作步骤和制作过程，学习了 Flash 动画项目实训的故事脚本的编写与选定、角色设定、分镜头绘制、背景设计、设计稿制作等，从理论到实践，每个环节都进行了实训案例演示，这样让大家在学习过程中目的性更强，目标更明确。本模板结束还设置了项目任务，可有针对性地加强课后练习。

实训任务

任务内容一：

课后项目制作实训任务			
项目名称	自定	任务内容名称	故事稿编写
制作时间	2 周	是否完成	
内容要求	1. 积极、健康向上，体现人性善良、勇敢坚强 2. 故事新颖独特，具有时代性、实用性和教育性 3. 表达乐观、勇于追求梦想的信念		
成绩评定	□不合格（<60 分）　　□合格（≥60 分）　　□良好（≥80 分）		

任务内容二：

课后项目制作实训任务			
项目名称	自定	任务内容名称	角色设定
制作时间	2 周	是否完成	
内容要求	1. 符合主题 2. 角色设计以卡通形式表现 3. 造型上新颖独特		
成绩评定	□不合格（<60 分）　　□合格（≥60 分）　　□良好（≥80 分）		

任务内容三：

课后项目制作实训任务			
项目名称	自定	任务内容名称	分镜头绘制
制作时间	2 周	是否完成	
内容要求	1. 充分地利用镜头语言表达故事内容 2. 合理地填写分镜头台本的各个栏目内容 3. 合理地运用推、拉、摇、移、跟等镜头		
成绩评定	□不合格（<60 分）　　□合格（≥60 分）　　□良好（≥80 分）		

任务内容四：

课后项目制作实训任务			
项目名称	自定	任务内容名称	场景设计
制作时间	2 周	是否完成	
内容要求	1. 确定背景风格 2. 合理地利用场景透视设计场景 3. 整体色调和谐、统一		
成绩评定	□不合格（<60 分）　　□合格（≥60 分）　　□良好（≥80 分）		

1 chapter
2 chapter
3 chapter
4 chapter
5 chapter
6 chapter
7 chapter
1 module
2 module
3 module
4 module

任务内容五：

课后项目制作实训任务			
项目名称	自定	任务内容名称	设计稿绘制
制作时间	2周	是否完成	
内容要求	1. 直观明确地表现出画面内容分解 2. 将画面内容进行标示，分层说明 3. 创作出角色设计稿和场景设计稿		
成绩评定	□不合格（<60分）　　　□合格（≥60分）　　　□良好（≥80分）		

模块三
项目实训制作中期

Module **3**

 实训导读

Flash 动画项目实训中期是项目制作当中最主要的环节，它是前期所准备的每个环节的更进一步的深入，根据设计稿绘制要求进行大量的动作设计，原画，动画调节制作。通过这一章的学习，我们将对 Flash 中的元件有深刻的认识，知道它们有什么用，同时我们还要学会创建和使用这些元件，如何使用库来管理这些元件和其他媒体资源。

 实训要点

● Flash 动画项目元件库的建立
● Flash 动画项目原画制作
● Flash 动画项目动画添加和动作调节

3.1 Flash 动画项目元件库的建立

在 Flash 当中制作项目动画，更重要的是如何实现将 Flash 的基础动画转换成比较复杂的角色动画。在这个制作过程当中，元件是实现动作的主要环节。它与传统动画在这个环节上大同小异，Flash 动画在制作原动画前要把角色以及动画物体分解开来，单独制作元件，方便下面环节方便的制作。

学会创建 Flash 中的元件，同时能够使用和编辑这些元件，为创建动画内容做准备，使用库来管理元件与媒体资源是很重要的。

3.1.1 元件、实例和库资源

元件是在 Flash 中创建的图形、按钮或影片剪辑。元件只需创建一次，然后即可在整个文档或其他文档中重复使用。元件可以包含从其他应用程序中导入的插图。创建的任何元件都会自动成为当前文档的库的一部分。

每个元件都有自己的时间轴。可以将帧、关键帧和层添加至元件时间轴，就像可以将它们添加至主时间轴一样。如果元件是影片剪辑或按钮，则可以使用动作脚本控制元件。

实例是指位于舞台上或嵌套在另一个元件内的元件副本。实例可以与它的元件在颜色、大小和功能上差别很大。编辑元件会更新它的所有实例，但对元件的一个实例应用效果则只更新该实例。

在文档中使用元件可以显著减小文件的大小；保存一个元件的几个实例比保存该元件内容的多个副本占用的存储空间小。例如，通过将诸如背景图像这样的静态图形转换为元件然后重新使用它们，可以减小文档的文件大小。使用元件还可以加快 SWF 文件的回放速度，因为一个元件只需下载到 Flash Player 中一次。

在创作时或在运行时，可以将元件作为共享库资源在文档之间共享。对于运行时共享资源，可以把源文档中的资源链接到任意数量的目标文档中，而无需把该资源导入目标文档。对于创作时共享的资源，可以用本地网络上可用的其他任何元件更新或替换一个元件。

如果导入的库资源和库中已有的资源同名，可以解决命名冲突，而不会意外地覆盖现有的资源。

3.1.2　创建元件和实例

元件是一种可重复使用的对象，而实例是元件在舞台上的一次具体使用。重复使用实例不会增加文件的大小，是使文档文件保持较小的策略中的一个很好的部分。元件还简化了文档的编辑；当编辑元件时，该元件的所有实例都相应地更新以反映编辑。元件的另一个好处是使用它们可以创建完善的交互性。

要创建一个新的空元件

● 确保未在舞台上选定任何内容。然后，执行以下操作之一：

   ➢ 选择"插入"→"新建元件"，或者按 Ctrl+F8 组合键，如图 3-1 所示。

   ➢ 单击"库"面板左下角的"新建元件"按钮，如图 3-2 所示。

图 3-1　"新建元件"命令　　　　　　　　　图 3-2　库

   ➢ 从"库"面板右上角的"库"选项菜单中选择"新建元件"，如图 3-3 所示。

   ➢ 在"创建新元件"对话框中，键入元件名称并选择类型（"图形"、"按钮"或"影片剪辑"），如图 3-4 所示。

   ➢ 单击"确定"按钮。Flash 会将该元件添加到库中，并切换到元件编辑模式。在元件编辑模式下，元件的名称将出现在舞台左上角的上面，并由一个十字准线表明该元件的注册点，如图 3-5 所示。

图 3-3 "新建元件"命令 　　　　　　　　图 3-4 元件命名

图 3-5 当前编辑模式与注册点

➢ 　要创建元件内容，可使用时间轴、用绘画工具绘制、导入介质或创建其他元件的实例。

● 　创建完元件内容之后，可执行以下操作之一返回到文档编辑模式：

➢ 　数字电子技术单击舞台上方编辑栏左侧的"后退"按钮，如图 3-6 所示。

图 3-6 后退按钮

➢ 　单击舞台上方编辑栏内的场景名称，如图 3-7 所示。

图 3-7　场景名称

➤ 选择"编辑"→"编辑元件",如图 3-8 所示。

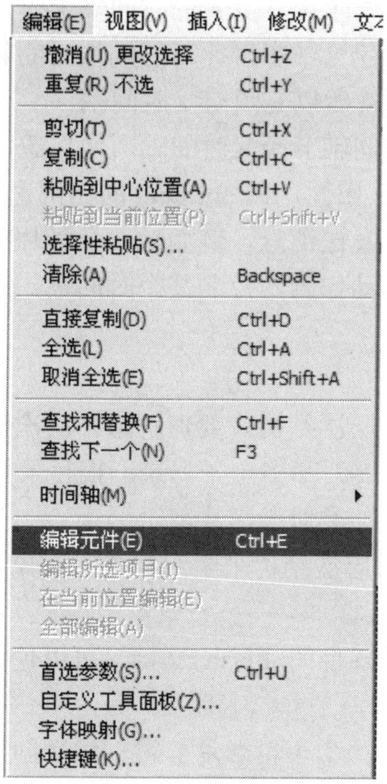

图 3-8　编辑元件

在创建新元件时,注册点放置在元件编辑模式下窗口的中心。可以将元件内容放置在与注册点相关的窗口中。当编辑元件时,也可以相对于注册点移动元件内容以便更改注册点。

将选定元素转换为元件

● 在舞台上选择一个或多个元素。然后,执行以下操作之一:

➤ 选择"修改"→"转换为元件"。

➤ 将选中元素拖到"库"面板上。

➤ 右击,然后从快捷菜单中选择"转换为元件"。

➤ 在"转换为元件"对话框中,键入元件名称并选择类型("图形"、"按钮"或"影片剪辑")。

➤ 在注册网格中单击,以便放置元件的注册点。

➤ 单击"确定"按钮。

➤ Flash 会将该元件添加到库中。舞台上选定的元素此时就变成了该元件的一个实例。不能在舞台上直接编辑实例,必须在元件编辑模式下打开它。也可以更改元件的注册点。

关于嵌套的影片剪辑

Flash 文档可以在其时间轴中包含影片剪辑实例。每个影片剪辑实例都有自己的时间轴。可以将影片剪辑实例放置在另一影片剪辑实例的内部。

嵌套在另一影片剪辑(或文档)内的影片剪辑是该影片剪辑或文档的子项。嵌套的影片剪辑

1
chapter

2
chapter

3
chapter

4
chapter

5
chapter

6
chapter

7
chapter

1
module

2
module

3
module

4
module

之间的关系是层次结构关系：对父项所做的修改将会影响子项。可以使用动作脚本在影片剪辑（及它们的时间轴）之间发送消息。要从另一时间轴中控制某个影片剪辑的时间轴，必须使用目标路径指定该影片剪辑的位置。在影片浏览器中，可以查看文档中嵌套的影片剪辑的层次结构。

父子关系的影片剪辑

将一个影片剪辑实例放置在另一个影片剪辑的时间轴上时，被放置的影片剪辑就是了项，而另一个影片剪辑则是父项。父实例包含子实例。每层的根时间轴是该层上所有影片剪辑的父时间轴，并且因为它是最顶层的时间轴，所以它没有父时间轴。

嵌套在另一个时间轴中的子时间轴会受父时间轴所做更改的影响。例如，portland 是 oregon 的子项，而更改了 oregon 的 _xscale 属性，则 portland 的比例也会随之更改。

时间轴可以通过动作脚本彼此发送消息。例如，一个影片剪辑中最后一帧上的动作可以指示开始播放另一个影片剪辑。要使用动作脚本控制某个时间轴，必须使用目标路径来指定该时间轴的位置。

影片剪辑层次结构

影片剪辑的父子关系就是一种层次结构。要理解这种层次结构，请细想一下计算机上的层次结构：硬盘有一个根目录（或文件夹）和多个子目录。根目录类似于 Flash 文档的主时间轴，它是所有其他目录的父项，而子目录则类似于影片剪辑。

在 Flash 中可以使用影片剪辑层次结构来组织相关的对象。对父影片剪辑所做的任何更改也都会在其子影片剪辑上执行。

例如，创建一个包含汽车移过舞台的 Flash 文档，可以使用影片剪辑元件表示汽车，并建立一个补间动画让汽车移过舞台。

要添加旋转的车轮，可以创建一个车轮影片剪辑，然后创建该影片剪辑的两个实例，分别命名为 frontWheel 和 backWheel。然后，将这两个车轮放在汽车影片剪辑的时间轴上，而不要放在主时间轴上。作为 car 的子项，frontWheel 和 backWheel 会受到对 car 所做的任何更改的影响；当汽车以补间动画的方式移过舞台时它们会随着汽车一起移动。

要使这两个车轮实例旋转，可建立一个旋转车轮元件的补间动画。即使在更改 frontWheel 和 backWheel 之后，它们也会继续受其父影片剪辑 car 上的补间的影响；车轮一边旋转，一边随父影片剪辑 car 一同移过舞台。

3.1.3 编辑元件

我们在前面已经接触到了编辑元件的内容，在这里我们再概括一下编辑元件的方法。编辑元件时，Flash 会更新文档中该元件的所有实例。Flash 提供了三种方式来编辑元件。可以使用"在当前位置编辑"命令在该元件和其他对象在一起的舞台上编辑它。其他对象以灰显方式出现，从而将它们和正在编辑的元件区别开来。正在编辑的元件名称显示在舞台上方的编辑栏内，位于当前场景名称的右侧。

也可以使用"在新窗口中编辑"命令在一个单独的窗口中编辑元件。在单独的窗口中编辑元件时可以同时看到该元件和主时间轴。正在编辑的元件名称会显示在舞台上方的编辑栏内。

使用元件编辑模式，可将窗口从舞台视图更改为只显示该元件的单独视图来编辑它。正在编辑的元件名称会显示在舞台上方的编辑栏内，位于当前场景名称的右侧。

当编辑元件时，Flash 将更新文档中该元件的所有实例，以反映编辑的结果。编辑元件时，可以使用任意绘画工具、导入介质或创建其他元件的实例。

可以使用任意元件编辑方法来更改元件的注册点（由坐标 0,0 标识的点）。

1．在当前位置编辑元件

执行以下操作之一：

➢ 在舞台上双击该元件的一个实例。

➢ 在舞台上选择该元件的一个实例，右击，然后从快捷菜单中选择"在当前位置编辑"，
如图 3-9 所示。

1
chapter

2
chapter

3
chapter

4
chapter

5
chapter

6
chapter

7
chapter

1
module

2
module

3
moduie

4
moduie

图 3-9　右键选择"在当前位置编辑"

➢ 在舞台上选择该元件的一个实例，然后选择"编辑"→"在当前位置编辑"，如图
3-10 所示。

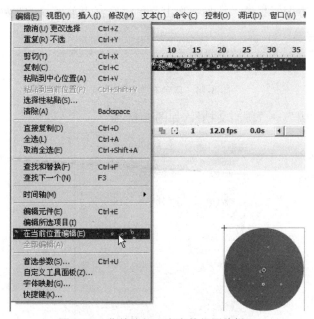

图 3-10　菜单选择"在当前位置编辑"

根据需要编辑该元件。

要更改注册点，请拖动舞台上的元件。一个十字准线指示注册点的位置，如图 3-11 所示。

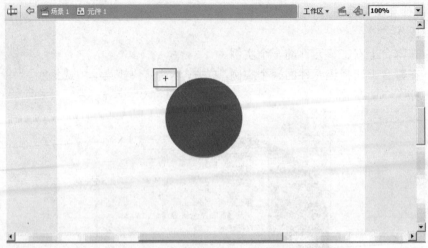

图 3-11 把图形对象拖到注册点上

要退出"在当前位置编辑"模式并返回到文档编辑模式，可执行以下操作之一：

➢ 单击舞台上方编辑栏左侧的"返回"按钮，如图 3-12 所示。

图 3-12 返回按钮

➢ 单击舞台上方编辑栏内的场景名称，如图 3-13 所示。

图 3-13 返回场景

➢ 在舞台上方编辑栏的"场景"弹出菜单中选择当前场景的名称，如图 3-14 所示。

图 3-14 舞台右侧返回场景

➢ 选择"编辑"→"编辑文档"，如图 3-15 所示。

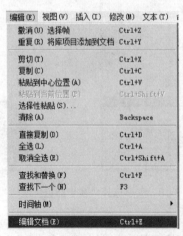

图 3-15 菜单"编辑文档"

2. 在新窗口中编辑元件

> 在舞台上选择该元件的一个实例，右击，然后从快捷菜单中选择"在新窗口中编辑"，如图 3-16 所示。

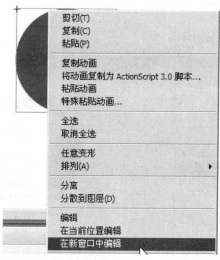

图 3-16　右键选择"在新窗口中编辑"

> 根据需要编辑该元件。

> 要更改注册点，请拖动舞台上的元件。一个十字准线指示注册点的位置。

> 单击右上角的✖关闭框来关闭新窗口，然后在主文档窗口内单击以返回到编辑主文档状态下，如图 3-17 所示。

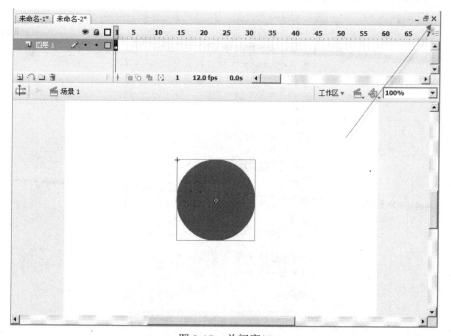

图 3-17　关闭窗口

3. 在元件编辑模式下编辑元件

● 执行以下操作之一来选择元件：

1
chapter

2
chapter

3
chapter

4
chapter

5
chapter

6
chapter

7
chapter

1
module

2
module

3
module

4
module

> 双击"库"面板中的元件图标（名字左边的小图标 ），如图 3-18 所示。
> 在舞台上选择该元件的一个实例，右击，然后从快捷菜单选择"编辑"，如图 3-19 所示。

图 3-18　选择元件

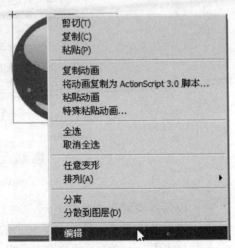

图 3-19　右键选择"编辑"

> 在舞台上选择该元件的一个实例，然后选择"编辑"→"编辑元件"，如图 3-20 所示。

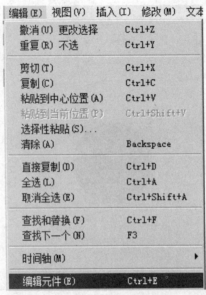

图 3-20　菜单选择"编辑元件"

> 在"库"面板中选择该元件，然后从库选项菜单中选择"编辑"，或者右击"库"面板中的该元件，然后从快捷菜单中选择"编辑"，如图 3-21 所示。

图 3-21 右键选择"编辑"

➢ 在舞台上方编辑栏的"元件"弹出菜单中选择当前元件的名称，如图 3-22 所示。

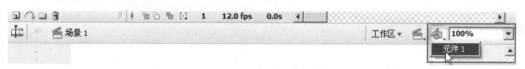

图 3-22 舞台右上选择元件

➢ 根据需要在舞台上编辑该元件。

➢ 要更改注册点，请拖动舞台上的元件。一个十字准线指示注册点的位置。

➢ 要退出元件编辑模式并返回到文档编辑状态，可执行以下操作之一：

　◆ 单击舞台上方编辑栏左侧的"返回"按钮。

　◆ 选择"编辑"→"编辑文档"。

　◆ 单击舞台上方编辑栏内的场景名称。

实例操作：Flash 动画项目元件库的建立案例

案例要点：

本案例通过项目中的镜头，把设计稿给出的分解以及分层意图用具体元件制作出来，创建镜头元件库资源。

操作步骤:

具体操作过程如下:

步骤 1：将前景的楼房绘制好，选中所有图形，按 F8 键或者执行"修改"→"转换为元件"命令，在弹出的对话框中选择"图形"，单击"确定"按钮，如图 3-23 所示

图 3-23　楼房元件

步骤 2：制作"云"元件，勾线、上色，选中所有的云图形，转换成影片剪辑元件，并将制作好的"云"元件打开滤镜面板进行模糊处理，如图 3-24 所示。

注意：滤镜效果只能添加到影片剪辑元件上。

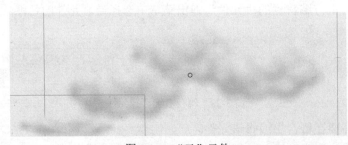

图 3-24　"云"元件

步骤 3：制作背景，用渐变工具制作天空背景，如图 3-25 所示。

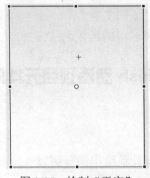

图 3-25　绘制"天空"

步骤 4：制作小鸟元件动画。小鸟有飞行动画，那么在制作过程当中先把小鸟的翅膀扇动循环动画做完再转换为元件，方便对它的整体位移进行变化，如图 3-26 所示。

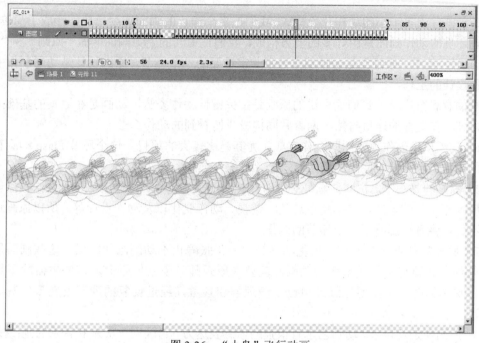

图 3-26　"小鸟"飞行动画

以上元件都属于镜头 1，根据设计稿分析，我们制作完成。至于以下每一个镜头的设计稿制作元件即可。制作一组镜头在"库"当中相应地创建文件夹，并将原始元件放入其中，如图 3-27 所示。

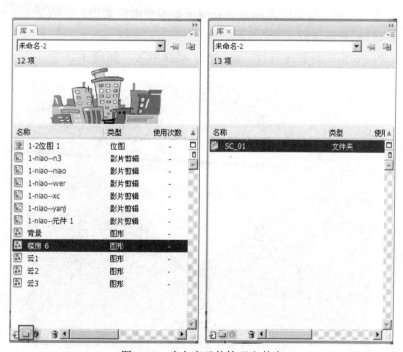

图 3-27　建立库元件管理文件夹

1
chapter

2
chapter

3
chapter

4
chapter

5
chapter

6
chapter

7
chapter

1
module

2
module

3
module

4
module

3.2 Flash 动画项目原画制作

一部动画片由多个小的动作片段构成，我们把多个静止的画面连续播放就形成了简单的动画。那么一套连贯的动作画面是由好多的姿势构成，我们把中间的姿势画面叫做"原画"和"中间画"或者"动画"。其中"原画"是动画制作当中非常重要的一个环节，原画设计是动画制作中为角色进行动作设计的工作。

原画的意思很广泛，我们这里讲的原画是指关键性动作姿势。动画是在原画的基础上添加动作过程，使动作更加的连贯自然。两者共同构成我们看到的动作。

Flash 动画项目创作也要团队合作完成，尤其是比较大的项目。这个环节 Flash 动画和传统动画有着相近的要求，但对原画的要求有一个"五家"之说，即：

（1）原画师是画家。说明原画师必须有较扎实的美术基础。绘画功底的深浅，直接影响着原画师对所绘制角色的理解，包括角色造型、透视、动作变化以及动作设计等。所以原画这个环节如果画不好，将直接影响下一个环节的制作。

（2）原画师是表演艺术家。角色动画是由一张张静止不动的画面构成，这些画面最基本的元素就是线条。要将这些线条变成动画，就要求原画师赋予它们生命。这些生命除了导演规定的以外，更多的时候是需要原画师自己表演理解和参考，经过反复的观察发现多一些塑造角色的细节。

（3）原画师是音乐家。动画艺术有很强的情感表达力，它区别于美术和音乐的是：影声结合。画面和音乐的节奏、情感相统一。作为原画师必须要懂一点音乐，这样便于把握动作的节奏，有利于安排动画的时间和间距。

（4）原画师是幽默大师。尤其现在大家提倡快乐动画，在工作学习之余放松自己，享受快乐，这要求原画师在动画中给大家带来幽默。

（5）原画师是制片家。说明原画师必须有整体意识和推广意识。这种说法未免有些夸张，但把它作为一个追求目标是应该的。

一般在传统动画制作中需要拷贝台、定位尺、动画纸等，如图 3-28 所示。

图 3-28　传统动画所需工具

在 Flash 动画软件中，经常会用到"绘图纸"功能，它就像是拷贝台。通过它来观看前一帧和后一帧的位置，方便我们制作中简画，如图 3-29 所示。

图 3-29 "绘图纸"功能

根据设计稿提供的分解元件和起始位置，计算时间安排完成一套动作所需要的原画数量。一般动画片是以每秒 24 帧来制作的，每一帧就按一格来计算，如果是"一拍一"的动作，那么就需要 24 张，如果是"一拍二"，则需要 12 张。"一拍一"的动作看起来更顺畅，如图 3-30 所示。

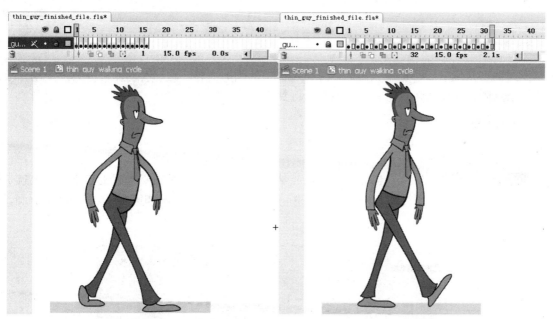

图 3-30 一拍一、一拍二

完成大大小小的动作都有关键性动作，在 Flash 中把这种关键性的动作叫做关键帧，也叫原画。画好这些原画就基本上确定了动作的幅度、速度、变化等。如走路，我们需要掌握走路的特点，它的运动曲线以及在走的过程中哪些为关键帧，如图 3-31 所示。

上图中"1""5""9""13"为关键帧，其他的为中间动画或者动画。在设计动作时始终把握住完成一个动作的四个阶段，"预备"、"起始"、"极限"、"缓冲"，这四个用在动画里很管用。"预备"是在做动作之前的状态等待；"起始"是从预备到"极限"开始的动作过程；"极限"是将动作做到最大程度的状态；"缓冲"是做完最大程度动作的结束过程。找出这四个步骤，我们的动作就会具有很明显的节奏感，也就不难画出动作的原画了。

1 chapter
2 chapter
3 chapter
4 chapter
5 chapter
6 chapter
7 chapter
1 module
2 module
3 module
4 module

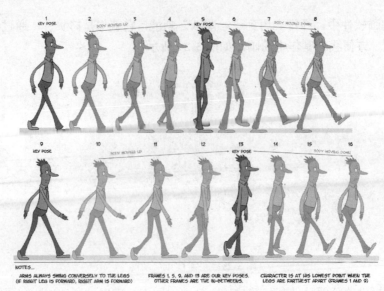

图 3-31　走路分解图

实例操作：Flash 动画项目原画制作案例

案例要点：

本案例以项目中 SC_8 镜头为例，分析镜头中的画面内容。这一套动作可分为三个动作段：角色阳阳从侧睡到起身，再左右转头观看，再到床边。

操作步骤

具体操作过程如下：

步骤 1：制作角色阳阳从侧睡到起身，先从库中选择角色的起始姿势和坐立姿势，也就是两个原画。计算时间，大概需要 1 秒钟。导入绘制好的背景，在第 1 帧和第 14 帧绘制两张原画，如图 3-32 所示。

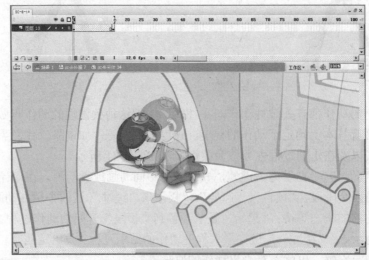

图 3-32　侧睡至起身

步骤 2：制作第 14 帧。分析动作，阳阳坐起腿伸到前面，一手臂撑床，如图 3-33 所示。

图 3-33　起身姿势

步骤 3：制作右转头的原画。在第 17 帧绘制头向右转，这个动作身体和腿不动，那么我们只制作头的转动动作，在第 17 帧处插入关键帧绘制，如图 3-34 所示。

图 3-34　向右转头

步骤 4：头停顿一会转向左边，在第 29 帧插入关键帧绘制，如图 3-35 所示。

步骤 5：在第 40 帧处插入关键帧，绘制阳阳移到床边的动作，如图 3-36 所示。

1 chapter

2 chapter

3 chapter

4 chapter

5 chapter

6 chapter

7 chapter

1 module

2 module

3 module

4 module

1
chapter

2
chapter

3
chapter

4
chapter

5
chapter

6
chapter

7
chapter

1
module

2
module

3
module

4
module

图 3-35　向左转头

图 3-36　移到床边

3.3　Flash 动画项目动画添加和调节

"原画"制作好以后是添加动画，也叫"中间画"。一般在传统动画当中，中间的动画要一张张画出来。在 Flash 当中有些简单的位移动画会自己生成，在复杂的中间动画变化中，仍要逐一的画出。

原画稿的具体内容体现角色的表演动作。什么是动作？一般的解释是：动作是角色五官位置的变化（即表情变化）、角色肢体位置的变化（即动作变化）和角色与所处环境相对位置的变化（即运动距离的变化）的过程。

在动画范畴里，"动作"和"姿势"有着明显的概念区别。姿势指的是角色的一个固定造型形态，它是一个静止的、固定的概念，在视觉上，动画角色是以姿势的形式体现它的存在的，在纸上随意画一个动画角色的造型，都是该角色的一个姿势。动作则是若干个不同姿势按次序变化的过程，它是一个运动的概念，动作的特点就是"动"，它是角色进行表演活动的过程，它的基本元素是姿势。若干个姿势组合在一起，并按一定的时间播放，就形成了动作。

要使画面动起来并不难，只需把一些内容不同的画稿组合在一起拍摄即可。但不经思索的组合只能产生毫无意义的"乱动"。因此，组合角色的一系列姿势时要按照一定的顺序，即一定的运动方向和一定的运动轨迹，而不能是无序的胡乱堆砌。

动作调节主要是在 Flash 里通过元件或者图形的调整达到合理的动作姿势，这个环节和动画联系比较紧密。因为动画大部分是角色某些细节或者部位在动，所以调节的可能不是全部。为了节省时间，只是小部分元件的调节。

设计角色时，一般会把角色有动作的部位单独制作元件，如胳膊、手、腿、腰、眼睛、眉毛、嘴等，这样可以单独去调节和制作某个部位的动画，如果要修改它的颜色那么只要修改一个元件的颜色，相同的颜色都可以改变，如图 3-37 所示。

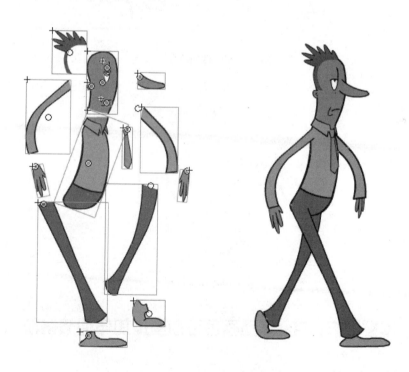

图 3-37　角色局部元件

在调节的过程中要注意元件的中心点位置，在元件做好之后就把该元件的中心点位置进行调整，如图 3-38 所示。

若一个元件的两个关键帧上的中心点不一样，创建补间动画后，会形成元件位置的偏移，如图 3-39、图 3-40 所示。

1
chapter

2
chapter

3
chapter

4
chapter

5
chapter

6
chapter

7
chapter

1
module

2
module

3
module

4
module

1
chapter

2
chapter

3
chapter

4
chapter

5
chapter

6
chapter

7
chapter

1
module

2
module

3
module

4
module

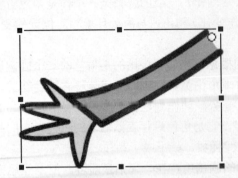
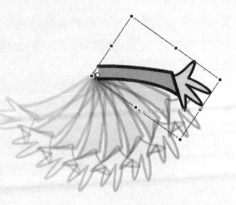

图 3-38　调节中心点

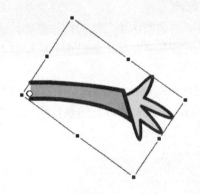
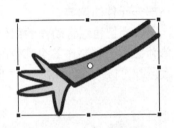

图 3-39　同一元件的不同中心点

图 3-40　位置偏移

实例操作：Flash 动画项目动画添加与调节案例

案例要点：

本案例以项目中 SC_8 镜头为例，根据以上的原画添加和调节"中间画"。

操作步骤

具体操作过程如下：

步骤 1：打开"洋葱皮"效果，先画出第 1 帧和第 14 帧之间的"中间画"，如图 3-41 所示。

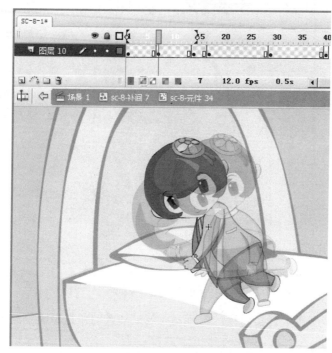

图 3-41 绘制第 1 帧与第 4 帧间的"中间画"

步骤 2：再在第 1 帧和第 7 帧之间找出"中间画"，图 3-42 所示。

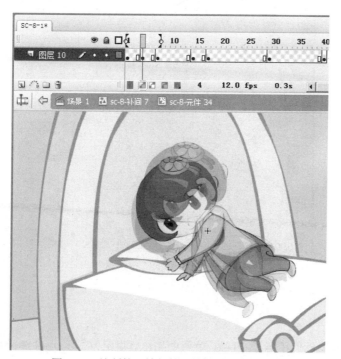

图 3-42 绘制第 1 帧与第 7 帧间的"中间画"

步骤 3：同样的方法绘制两帧之间的帧，图 3-43 所示。

1
chapter

2
chapter

3
chapter

4
chapter

5
chapter

6
chapter

7
chapter

1
module

2
module

3
module

4
module

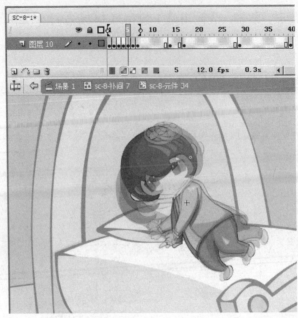

图 3-43　依次找出"中间画"

步骤 4：同样方法制作出整套动作，调节完成测试，看动作是否流畅自然，如图 3-44 所示。

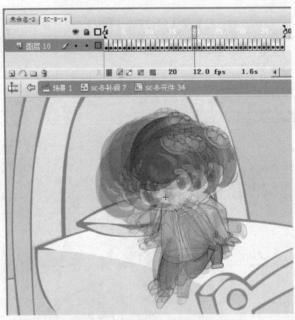

图 3-44　添加所有"中间画"

 实训小结

　　通过本模块学习，我们了解了 Flash 动画中期应该做的环节：元件库的建立、原画的制作、动画的添加与调节。这些环节也是项目制作过程中的重要环节，我们通过实例制作讲解元件的建立、元件的类型，如何应用和编辑元件、关键帧、库等，利用软件的这些功能让我们更好地为制作动画服务。

实训任务

任务内容一：

课后项目制作实训任务			
项目名称	自定	任务内容名称	元件库的建立
制作时间	2 周	是否完成	
内容要求	1．根据设计稿，把角色要调节动作的部分单独制作元件 2．建立相关的库文件夹进行管理 3．元件并完整命名		
成绩评定	□不合格（<60 分）　　□合格（≥60 分）　　□良好（≥80 分）		

任务内容二：

课后项目制作实训任务			
项目名称	自定	任务内容名称	原画制作
制作时间	2 周	是否完成	
内容要求	1．根据时间和间距，找准关键性动作 2．长动作可分成动作段 3．原画动检，观看是否符合运动规律		
成绩评定	□不合格（<60 分）　　□合格（≥60 分）　　□良好（≥80 分）		

任务内容三：

课后项目制作实训任务			
项目名称	自定	任务内容名称	动画添加和动作调节
制作时间	2 周	是否完成	
内容要求	1．根据原画添加中间动画 2．应用补间完成动画的动作调节 3．动作流畅，符合运动规律		
成绩评定	□不合格（<60 分）　　□合格（≥60 分）　　□良好（≥80 分）		

1 chapter
2 chapter
3 chapter
4 chapter
5 chapter
6 chapter
7 chapter
1 module
2 module
3 module
4 module

模块四
项目实训制作后期

Module 4

 实训导读

项目实训制作后期指动画制作接近尾声阶段，这一阶段主要包括了声音添加、视频特效、合成输出等。本阶段主要由后期制作人员制作，根据导演要求进行剪辑、配音。

 实训要点

声音添加
视频特效和字幕添加
合成输出

4.1 声音添加

Flash 提供了许多使用声音的方式。可以使声音独立于时间轴连续播放，或使动画和一个音轨同步播放。向按钮添加声音可以使按钮具有更强的互动性，通过声音淡入淡出还可以使音轨更加优美。

在 Flash 中有两种类型的声音：事件声音和数据流。事件声音必须完全下载后才能开始播放，除非明确停止，它将一直连续播放。数据流在前几帧下载了足够的数据后就开始播放，可以通过和时间轴同步以便在 Web 站点上播放，如图 4-1 所示。

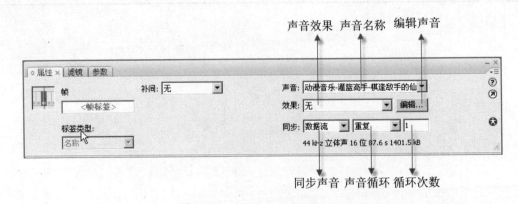

图 4-1　声音属性面板

4.1.1 导入声音与添加声音

● 选择"文件"→"导入"→"导入到库"。

● 在"导入"对话框中，定位并打开所需的声音文件。

（1）在时间轴激活某个帧

（2）在"属性"面板中，从"声音"下拉列表框中选择声音文件。

（3）从"效果"下拉列表框中选择效果选项：

> "无"不对声音文件应用效果。"选择"此选项将删除以前应用过的效果。

> "左声道"/"右声道"只在左或右声道中播放声音。

> "从左到右淡出"/"从右到左淡出"会将声音从一个声道切换到另一个声道。

> "淡入"会在声音的持续时间内逐渐增加其幅度。

> "淡出"会在声音的持续时间内逐渐减小其幅度。

> "自定义"使您可以通过使用"编辑封套"创建自己的声音淡入和淡出点。

（4）从"同步"下拉列表框中选择"同步"选项：

> "事件"选项会将声音和一个事件的发生过程同步起来。事件声音在它的起始关键帧开始显示时播放，并独立于时间轴播放完整个声音，即使 SWF 文件停止也继续播放。当播放发布的 SWF 文件时，事件声音混合在一起。事件声音的一个示例就是当用户单击一个按钮时播放的声音。如果事件声音正在播放，而声音再次被实例化（例如，用户再次单击按钮），则第一个声音实例继续播放，另一个声音实例同时开始播放。

> "开始"与"事件"选项的功能相近，但如果声音正在播放，使用"开始"选项则不会播放新的声音实例。

> "停止"选项将使指定的声音静音。

> "数据流"选项将同步声音，以便在 Web 站点上播放。Flash 强制动画和音频流同步。如果 Flash 不能足够快地绘制动画的帧，就跳过帧。与事件声音不同，音频流随着 SWF 文件的停止而停止。而且，音频流的播放时间绝对不会比帧的播放时间长。当发布 SWF 文件时，音频流混合在一起。音频流的一个示例就是动画中一个人物的声音在多个帧中播放。

注意：如果使用 MP3 声音作为音频流，则必须重新压缩声音，以便能够导出。可以将声音导出为 MP3 文件，所用的压缩设置与导入它时的设置相同。

（5）为"重复"输入一个值，以指定声音应循环的次数，或者选择"循环"以连续重复声音。要连续播放，请输入一个足够大的数，以便在扩展持续时间内播放声音。例如，要在 15 分钟内循环播放一段 15 秒的声音，输入 60。

注意：不建议循环播放音频流。如果将音频流设为循环播放，帧就会添加到文件中，文件的大小就会根据声音循环播放的次数而倍增。

4.1.2 使用声音编辑控件

要定义声音的起始点或控制播放时的音量，可以使用"属性"面板的声音编辑控件。Flash 可以改变声音开始播放和停止播放的位置。这对于通过删除声音文件的无用部分来减小文件的大小是很有用的，如图 4-2 所示。

1 chapter

2 chapter

3 chapter

4 chapter

5 chapter

6 chapter

7 chapter

1 module

2 module

3 module

4 module

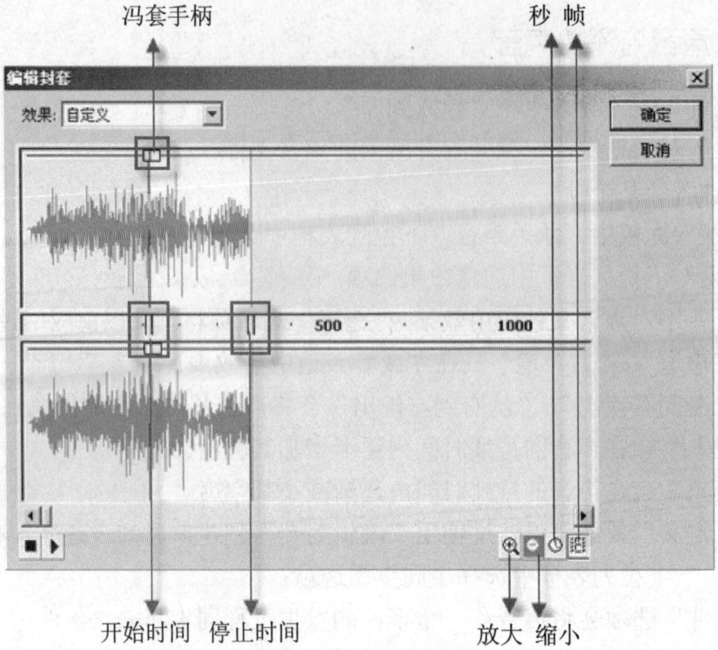

1
chapter

2
chapter

3
chapter

4
chapter

5
chapter

6
chapter

7
chapter

1
module

2
module

3
module

4
module

冯套手柄　　　　　　　　　　　秒　帧

开始时间　停止时间　　　　　　　放大　缩小

图 4-2　声音编辑封套

4.1.3　编辑声音文件

（1）在帧中添加声音，或选择一个已包含声音的帧。

（2）选择"窗口"→"属性"。

（3）单击"属性"面板右边的"编辑"按钮。

（4）执行以下任意操作：

- 要改变声音的起始点和终止点，请拖动"编辑封套"中的"开始时间"和"停止时间"控件。

- 要更改声音封套，请拖动封套手柄来改变声音中不同点处的级别。封套线显示声音播放时的音量。单击封套线可以创建其他封套手柄（总共可达 8 个）。要删除封套手柄，请将其拖出窗口。

- 单击"放大"或"缩小"，可以改变窗口中显示声音的多少。

- 要在秒和帧之间切换时间单位，请单击"秒"和"帧"按钮。

（5）单击"播放"按钮，可以听编辑后的声音。

实例操作：项目声音添加

案例要点：

本案例以项目中 SC_1-3 镜头为例，根据画面添加小鸟叫声和城市嘈杂声。

操作步骤：

具体操作过程如下：

以项目前一个镜头为例给影片添加声音，再次阅读分镜头处理栏，看有哪些声音要求，要达到什么样的效果。

步骤1：打开制作好的 Flash 工程文件 SC_01，如图 4-3 所示。

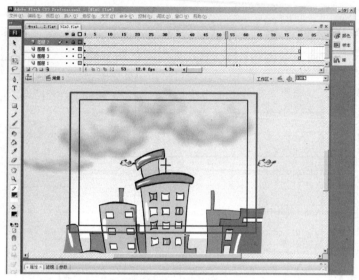

图 4-3　SC_01 镜头

步骤2：录制好所需声音素材，如城市背景声音、鸟叫声，如图 4-4 所示。

图 4-4　声音素材

　步骤3：将准备好的声音素材导入 SC_01 工程文件库中，新建图层，把声音从元件库当中拖入到声音图层，如图 4-5 所示。

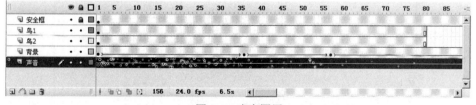

图 4-5　声音图层

步骤4：将"属性"面板事件同步类型改为"数据流"，如图 4-6 所示。

图 4-6　选择同步"数据流"

1
chapter

2
chapter

3
chapter

4
chapter

5
chapter

6
chapter

7
chapter

1
module

2
module

3
module

4
module

步骤 5：在第 182 帧处，打开"属性"面板，选中声音图层，打开"编辑封套"对话框，将结束声音的帧上下声道用鼠标单击添加关键帧，再在靠前的地方单击插入关键帧，如图 4-7 所示。

1
chapter

2
chapter

3
chapter

4
chapter

5
chapter

6
chapter

7
chapter

1
module

2
module

3
module

4
module

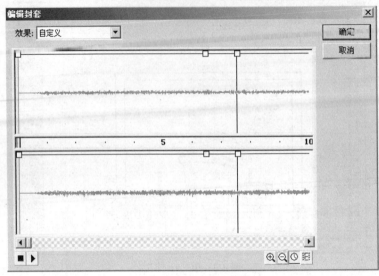

图 4-7　添加声音关键帧

步骤 6：将黑线处的上下声道关键帧拖拽下来，这样就形成了声音淡出的效果，声音结束时就不会显的很生硬，如图 4-8 所示。

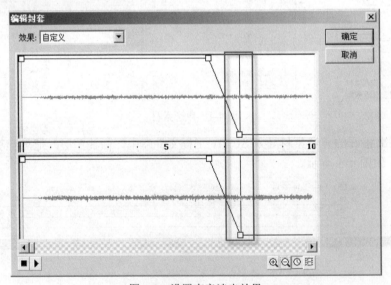

图 4-8　设置声音淡出效果

步骤 7：保存输出完成。若有其他的声音，可以新建图层进行对位添加。在一个镜头当中若有很多个声音，最后在声音处理软件里进行调节合成，输出一个声音，这样文件既小而且容易操作。

▌▌4.2　视频特效

Flash 提供了多种在 Flash 文档中加入视频的方法，可以将 MOV、AVI、MPEG 或其他格式

（取决于您的系统）的视频剪辑导入为 Flash 中的嵌入文件。与导入的位图或矢量插图文件一样，嵌入的视频文件成为 Flash 文档的一部分。

要导入嵌入的视频剪辑：

（1）执行以下其中一项操作：

● 要将视频剪辑直接导入到当前 Flash 文档的舞台中，选择"文件"→"导入"→"导入到舞台"。

● 要将视频剪辑导入到当前 Flash 文档的库中，选择"文件"→"导入"→"导入到库"。

（2）执行以下其中一项操作：

● 要导入整个视频剪辑而不编辑它，选择"导入整个视频"，单击"下一步"按钮。执行步骤（3）以继续选择视频的压缩选项。

● 要在导入视频剪辑之前对其进行编辑，选择"先编辑视频"，单击"下一步"按钮。

（3）执行以下其中一项操作：

● 要应用预定义的压缩配置文件，从下拉列表框中选择"带宽"选项。

● 要创建自定义的压缩配置文件，选择"创建新配置文件"，或从"压缩配置文件"弹出菜单中选择预定义的压缩率，然后单击"编辑"按钮。

● 要应用高级视频编码以指定颜色、尺寸、轨道和音频选项，从"高级设置"弹出菜单中选择"创建新配置文件"。

● 单击"结束"以关闭"视频导入"向导和完成视频导入过程。

▌4.3　合成输出

4.3.1　导出 QuickTime(.mov)格式

此格式多用于视频项目编辑中，结合后期软件，添加后期特效、视频剪辑等，这样影片的画面效果不会压缩损失很大，但是输出文件比较大。在弹出的对话框中进行影片的大小、输出部分、存储临时数据等设置，如图 4-9 所示。

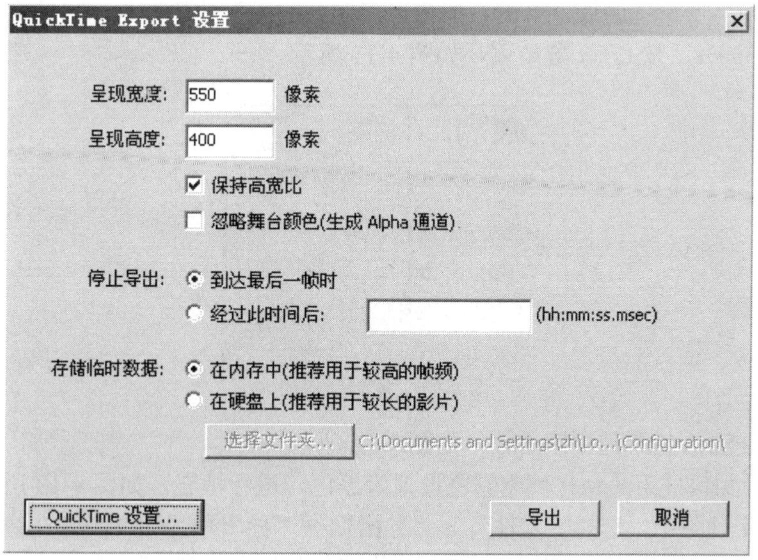

图 4-9　QuickTime Export 设置

1 chapter

2 chapter

3 chapter

4 chapter

5 chapter

6 chapter

7 chapter

1 module

2 module

3 module

4 module

实例操作：项目输出发布案例

案例要点：

影片输出是每个动画完成后的最终结果，输出的大小、影片格式、图像质量等都关系影片的播放。

操作步骤：

具体操作过程如下：

在输出前要知道什么格式，文件的宽高大小，存储的空间大小等都要准备妥当。

步骤 1：选择矩形工具，笔触的颜色选择黑色，填充颜色设置为无，在新建图层上画矩形。在选中线框的情况下，打开"属性"面板并将它的大小设置为 1024×768 像素，如图 4-10 所示。

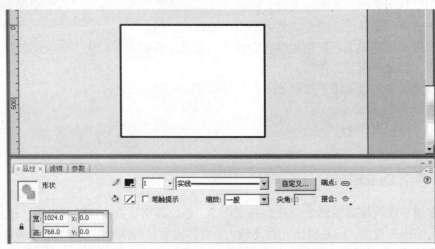

图 4-10 制作安全框

步骤 2：打开"变形"面板，单击右下角"复制并应用"按钮，勾选"约束"复选框，在缩放比例框内输入 300%，按 Enter 键结束，如图 4-11 所示。

图 4-11 复制到应用

步骤 3：按住 Shift 键加选中间方框，如图 4-12 所示。

步骤 4：选择颜料桶工具，将填充颜色设置为黑色，进行填充，如图 4-13 所示。

步骤 5：锁定该图层。选择"文件"→"导出"→"导出影片"命令，在弹出对话框的"保存类型"下拉列表框中选择 QuickTime（.mov）格式，如图 4-14 所示。

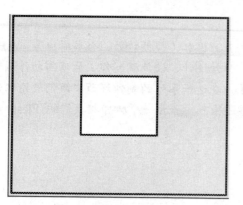

图 4-12 选中大小安全框

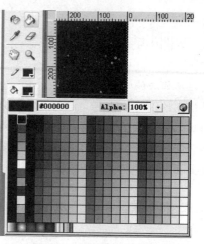

图 4-13 打开颜色选择器

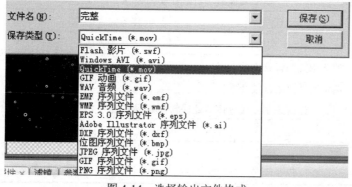

图 4-14 选择输出文件格式

步骤 6: 然后单击"保存"按钮,弹出对话框,如有设置,可以对以下项目进行设置,单击"导出"按钮完成,如图 4-15 所示。

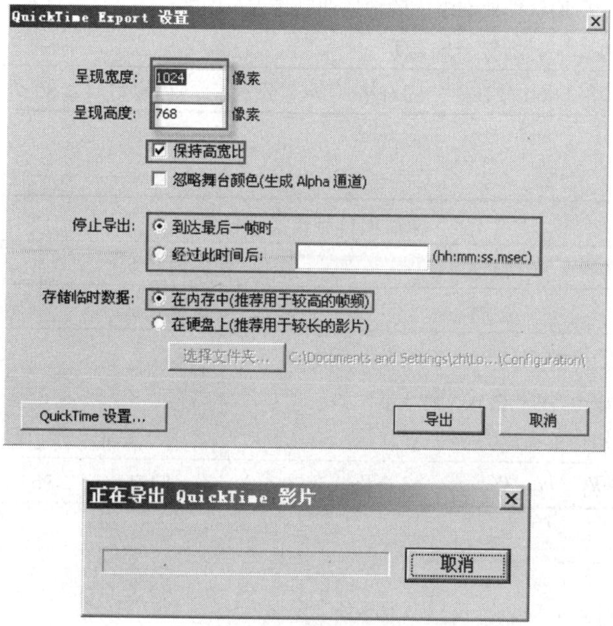

图 4-15 设置视频高宽比例

实训小结

通过本模块的学习我们了解了 Flash 动画后期的声音添加、视频特效、合成输出等。从开始的故事脚本的编写与选定、角色设定、分镜头绘制、背景设计、设计稿制作、原动画动作调节等环节到此已结束，也意味着我们的项目作品要完成了。在这一系列的制作环节中我们理论结合实践，环环相扣，有条不紊的进行。接下来创作的道路还很长，一步一个脚印把我们的 Flash 动画实训更上一层楼。

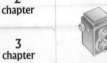

实训任务

任务内容一：

课后项目制作实训任务			
项目名称	自定	任务内容名称	声音添加
制作时间	2 周	是否完成	
内容要求	1. 搜集相关的背景声效 2. 选定所采用的背景音乐 3. 如有对话请录制并通过声音处理软件处理添加		
成绩评定	□不合格（<60 分）　　□合格（≥60 分）　　□良好（≥80 分）		

任务内容二：

课后项目制作实训任务			
项目名称	自定	任务内容名称	视频特效
制作时间	2 周	是否完成	
内容要求	1、如有后期软件处理添加的请后期制作人员添加 2、如爆炸'、烟雾、光类等		
成绩评定	□不合格（<60 分）　　□合格（≥60 分）　　□良好（≥80 分）		

任务内容三：

课后项目制作实训任务			
项目名称	自定	任务内容名称	合成输出
制作时间	2 周	是否完成	
内容要求	1. 请输出 QuickTime 格式文件一份 2. 请输出 SWF 格式文件一份 3. 添加片头片尾		
成绩评定	□不合格（<60 分）　　□合格（≥60 分）　　□良好（≥80 分）		

1 chapter
2 chapter
3 chapter
4 chapter
5 chapter
6 chapter
7 chapter
1 module
2 module
3 module
4 module